高等院校艺术设计专业应用技能型系列教材

Photoshop CC
教程

主　　编◎赵　青
副主编◎李　岩　　邵　雷
　　　　石　莹　　徐　娜
　　　　于　勇

重庆大学出版社

图书在版编目（CIP）数据

Photoshop CC教程 / 赵青主编. -- 重庆：重庆大学出版社, 2021.8
高等院校艺术设计专业应用技能型系列教材
ISBN 978-7-5689-2113-8

Ⅰ. ①P… Ⅱ. ①赵… Ⅲ. ①图像处理软件—高等学校—教材 Ⅳ. ①TP391.413

中国版本图书馆CIP数据核字（2020）第259593号

高等院校艺术设计专业应用技能型系列教材

Photoshop CC 教程
Photoshop CC JIAOCHENG

主　编　赵　青

副主编　李　岩　邵　雷　石　莹　徐　娜　于　勇

策划编辑：刘雯娜

责任编辑：刘雯娜　殷　勤　　版式设计：张菱芷

责任校对：王　倩　　　　责任印制：赵　晟

重庆大学出版社出版发行

出版人：饶帮华

社　址：重庆市沙坪坝区大学城西路21号

邮　编：401331

电　话：（023）88617190　88617185（中小学）

传　真：（023）88617186　88617166

网　址：http://www.cqup.com.cn

邮　箱：fxk@cqup.com.cn（营销中心）

全国新华书店经销

重庆巍承印务有限公司印刷

开本：787mm×1092mm　1/16　印张：11.5　字数：316千

2021年8月第1版　　2021年8月第1次印刷

印数：1—3000

ISBN 978-7-5689-2113-8　　定价：58.00元

前 言 / PREFACE

　　"Photoshop CC"是高等院校艺术设计类专业开设的一门重要的专业基础必修课程。《Photoshop CC 教程》共分为两个单元七堂课。第一单元，从Photoshop CC的基础知识讲起，以循序渐进的方式讲解案例的基本操作、选区、图层、调色、滤镜、蒙版和通道等核心功能及应用技巧，内容基本涵盖了Photoshop CC软件的全部工具和命令。第二单元，从不同的板块对Photoshop CC软件进行综合案例的讲解。书中的案例涵盖了多种设计领域，如数码照片的处理，特效字体设计，CG图像、插画的绘制，ICON图标的设计，空间展示设计，家具设计，画册设计，包装设计，海报设计等，贴合学校对学生全面发展的要求。

　　设计案例、视频展示和实践操作的完美结合是本书的一大特色。根据软件学习的特点，由浅入深，从基础知识到复杂技巧，可供不同学习阶段的爱好者使用。除了具体案例分析，每个单元的开始都会有"单元知识点"的介绍，学生可以快速了解该单元的学习重点和难点。整本书清晰地展现了案例的操作过程，能进一步提升学生的学习兴趣。

　　通过本课程的学习，可全面、深入地了解Photoshop CC的软件功能，进一步提高学生的创造力和实践操作的能力。本书适合高等院校相关专业的学生和各类培训班的学员参考阅读，同时也适合不同设计领域的初、中、高级读者使用。

　　限于编者水平，书中难免有疏漏之处，敬请读者、同行、专家批评指正。

编 者

2021年1月

教学进程安排

课时分配	第一课	第二课	第三课	第四课	第五课	第六课	第七课	合计
讲授课时	3	3	2	2	2	2	1	15
实操课时	5	5	6	6	6	6	7	41
合计	8	8	8	8	8	8	8	56

课程概况

　　"Photoshop CC"是艺术设计类专业最基础、最重要的计算机辅助设计课程之一。作为图形图像创意与设计领域的著名软件，它具有强大的绘图、校正图片及图像创作功能，并被广泛应用于专业设计的诸多领域，如广告设计、数字艺术创作、摄影摄像、效果图制作等。通常，人们也会在日常办公和处理照片时使用它。

　　本教材主要分为两个单元。第一单元是Photoshop CC的基础知识部分，重点介绍了Photoshop CC软件及其新功能、基本工具的使用和色彩的调色与应用等内容。第二单元是Photoshop CC的设计案例部分，案例选择结合了艺术设计类专业各个方向，通过五大模块案例进一步带领学生深入学习Photoshop CC软件的功能及应用，学习重点在于强化专业设计实践，增强学生的实践创意能力。

教学目的

　　通过本课程的学习，使学生了解Photoshop CC的基础理论知识，熟练使用Photoshop CC的工具；掌握图片的剪裁与调色功能，进一步学习高级数码照片的应用技巧，完成复杂的数码图片处理；了解图层、蒙版、通道、滤镜的原理并熟练应用，培养综合设计实践能力；了解和使用手绘画笔工具，熟练掌握数码绘画的技能与方法，进一步提升学生将来从事广告设计、包装设计、字体设计、书籍设计、艺术照片处理、效果图制作等相关工作的能力。通过理论与实践操作相结合的形式，培养原创设计思维与综合设计能力，为学生学习专业设计课程打下坚实的基础。

目 录 / CONTENTS

第一单元
认识Photoshop CC

课　　时： 16课时

单元知识点： 本单元综合讲述了Photoshop CC软件的基础知识和色彩的基本操作等内容。先从整体上认识软件，介绍软件的基础知识和各个工具的基本应用；再介绍软件色彩的基础知识，包括校色和调色两部分。通过基础知识的学习，为后面单元的案例学习打好基础。

第一课 Photoshop CC基础知识

课时：8课时

要点：本课主要介绍Photoshop软件以及Photoshop CC的新功能，概述软件的基本应用知识，包括图层、选区、色彩、绘图、文字、路径、通道、蒙版等。

1.关于Photoshop CC

Photoshop是Adobe公司开发和发行的图像处理软件，它具有强大的编辑绘制图像、制作图像特效及文字特效的功能。

Adobe Photoshop最初的程序是由Thomas创建的，后经Knoll兄弟以及Adobe公司程序员努力，不断研究开发出新的功能，使之成为优秀的平面设计编辑软件。Adobe Photoshop具有强大的图像处理功能，目前最新版本为Photoshop CC（图1-1），新版本更加优化和完善。它的每一个版本都会增添新的功能，使它获得越来越多的支持者，也使它在诸多图形图像处理软件中立于不败之地。

图1-1

2.Photoshop CC的新功能

1）工具提示

　　对许多初学者来说，快速掌握Photoshop中的工具并不是一件容易的事，而Photoshop CC版本却提供了解决方案。在以往的版本中，当鼠标悬停在工具栏上时，只会显示该工具的名称，而在新版本中则会出现该工具的动态演示（图1-2），能非常直观地告诉使用者该工具的用法，使初学者更容易上手。

　　另外，工具栏最下面有三个点，它是工具栏编辑器，新版本有时会将不常用的工具自动收纳到里面，当你找不到这些工具时，打开它，复位或者把你需要的工具拉回去即可。

图1-2

2）学习窗口

　　Photoshop CC添加了学习面板（图1-3），可以通过点击【窗口】|【学习】菜单打开该面板。该窗口内置摄影、修饰、合并图像、图形设计四个主题的教程，点开后会在应用程序内直接提供分步指导，选择后会有文字提示，引导如何实现该操作。

3）钢笔工具优化

　　Photoshop CC中新增了弯度钢笔工具功能，使用这个工具能更轻松地绘制平滑曲线和直线段，创建自定义形状或精确定义路径，无须切换工具就能创建、切换、编辑、添加或删除平滑点或角点，平滑点转化为角点只需要双击该点即可（图1-4）。

图1-3

图1-4

4）画笔工具

画笔工具的管理模式有比较直观的变化，类似于文件夹的操作，可通过点击【窗口】|【画笔】打开画笔面板（图1-5）。此外，画笔工具在描边平滑上进行了优化，可以对描边执行智能平滑。在使用画笔、铅笔、混合器画笔或橡皮擦工具时，只需在选项栏中输入平滑的值（0~100），值为"0"时等同于Photoshop早期版本中的平滑效果，应用的值越高，描边的智能平滑度就越大。描边平滑有多种设置方式，通过点击【平滑】右侧的【设置】按钮可以选择使用（图1-6）。

图1-5

图1-6

新版的Photoshop CC中还增加了绘画对称功能，默认为关闭状态，启动此项需要设置【首选项】|【技术预览】|【启用绘画对称】（图1-7）。当选择画笔、铅笔、橡皮擦工具绘图时选项栏中会出现绘画对称图标，点击右下角小三角形即可选择相应的对称方式进行绘画（图1-8）。

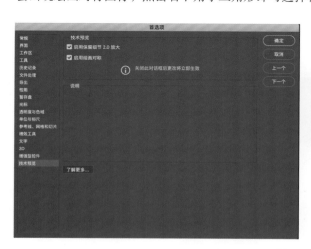

图1-7

图1-8

5）支持可变字体

简单来说，可变字体就是自定义字体的属性，这是一种新的 OpenType 字体格式，支持直线宽度、宽度、倾斜度、视觉大小等自定义属性。新版Photoshop中附带几款可变字体，可以通过属性面板对其直线宽度、宽度、倾斜度进行调整（图1-9）。

6）共享文件

Photoshop CC中增添了共享功能，通过【文件】|【共享】可以打开"共享"对话框，选择点击后可以把图片分享到相应的社交网站（图1-10）。

7）3D球面全景

随着全景图片应用范围越来越广泛，Photoshop CC中加入了球面全景功能，通过菜单栏【3D】|【球面全景】选项，可以开启全景图制作（图1-11）。

图1-9　　　　　　　　　　　　　　　图1-10

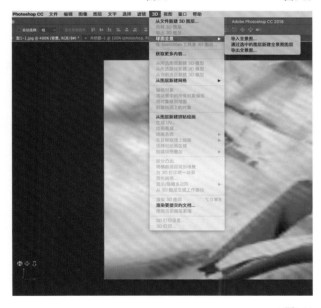

图1-11

3.图像基础知识

1）像素与分辨率

在Photoshop中，像素是组成图像的基本元素。我们将图片放大数倍，会发现原来非常平滑的颜色是由许多色彩相近的小方块组成的，这些小方块就是像素。

分辨率是指单位面积上像素的数量。图像的分辨率越高，单位面积内包含的像素数越多，图像越清晰，图像文件越大；反之亦然。为了达到更好的设计效果，在新建文件时就应该设置好图像的分辨率。用于打印或印刷的图像，通常将其分辨率设置在300dpi以上；用于网络传播的图像，通常将其分辨率设置为72dpi或96dpi。

2）位图与矢量图

位图和矢量图是两种类型的图像显示方式，位图与矢量图的区别见表1-1。

表1-1

	位 图	矢量图
组 成	像素	点、线、面
色彩表现	丰富	单一
空间占用	大	小
运算时间	慢	快
放大效果	模糊	清晰度不变

3）图像文件格式

Photoshop CC支持20多种格式的图像文件（图1-12）。不同的文件格式有不同的特点，我们应根据需要来选择相应的文件格式。下面简单介绍几种常用的格式（表1-2）。

Photoshop
大型文档格式
多图片格式
BMP
CompuServe GIF
Dicom
Photoshop EPS
IFF 格式
JPEG
JPEG 2000
JPEG 立体
PCX
Photoshop PDF
Photoshop Raw
Pixar
PNG
Portable Bit Map
Scitex CT
Targa
TIFF
Photoshop DCS 1.0
Photoshop DCS 2.0

图1-12

表1-2

文件名称	后　缀	描　述
Photoshop	PSD	Photoshop文件的标准格式。有很多诸如图层的额外功能，只被很少的其他软件支持
JPEG	JPG	在网络上广泛使用于存储相片。使用有损压缩，质量可以根据压缩的设置而不同
TIFF	TIF	大量用于传统图像印刷。可进行有损或无损压缩，但是很多程序只支持可选项目的部分功能
PNG	PNG	无损压缩位图格式。起初被设计用于代替互联网上的GIF格式文件。与GIF的专利权没有联系
GIF	GIF	在网络上被广泛使用，但有时也会因为专利权的原因而无法使用该图像格式。支持动画图像，支持256色，对真彩图片进行有损压缩。使用多帧可以提高颜色准确度
PDF	PDF	一个允许包含多页和链接的文件格式。与Adobe Acrobat Reader或Adobe eBook Reader配合使用
Photoshop RAW	RAW	RAW文件是一种记录了数码相机传感器的原始信息，同时记录了由相机拍摄所产生的一些元数据的文件。RAW是未经处理也未经压缩的格式，可以把RAW概念化为"原始图像编码数据"，或者更形象地称为数字底片
Photoshop EPS	EPS	EPS格式是Illustrator和Photoshop之间可交换的文件格式，又被称为带有预视图像的PS格式

4）颜色模式

颜色模式是用于决定显示和打印图像的色彩模型，或者说是一种记录图像颜色的方式。任何一种颜色模式都有其针对的特定意义。

①RGB颜色模式是色光的色彩模式，也是Photoshop中的默认颜色模式。R（red）代表红色，G（green）代表绿色，B（blue）代表蓝色，每一种颜色有256个亮度水平级，所以三种色彩叠加就能形成1678万种色彩。

②CMYK颜色模式是用于印刷的色彩模式，C代表青色，M代表洋红色，Y代表黄色，K代表黑色。在CMYK模式下，可以为每个像素的每种印刷油墨指定一个百分比值。

③Lab颜色模式是色域最广的一种颜色模式，它由三个要素组成，L是明度，a和b是两个颜色通道。a通道的颜色是从深绿色（低亮度值）到灰色（中亮度值）再到亮粉红色（高亮度值），b通道的颜色是从亮蓝色（低亮度值）到灰色（中亮度值）再到黄色（高亮度值）。它是Photoshop中不同色彩模式转换时使用的内部安全格式。

④HSB色彩模式是基于人眼的视觉接受体系的色彩空间描述。HSB模式对应的媒介是眼睛的感受细胞，其三大属性为色相H（hues）、饱和度S（saturation）和亮度B（brightness）。

⑤灰度模式的影像共有256个色阶，看起来类似传统的黑白照片，除黑、白二色之外，尚有254种深浅的灰色，因此色调表现比较丰富。

⑥位图模式的图像也被称为黑白图像，其位深度为1，只用黑、白两种颜色来表示图像中的像素，黑白之间没有灰色作为过渡，同时位图模式所占的磁盘空间是最小的。

4.图层基础知识

Photoshop中的图层是图像合成的重要途径。图层如同堆叠在一起的透明纸张，通过图层的透明区域可以看到下面图层的内容，并可以对不同图层上的内容进行单独调整，不影响其他图层。

1）认识图层面板

执行菜单栏中的【窗口】|【图层】或按快捷键【F7】打开图层面板（图1-13）。图层面板包含了Photoshop中所有的图层、图层组和图层效果，可以利用图层面板来对图层进行调整操作。

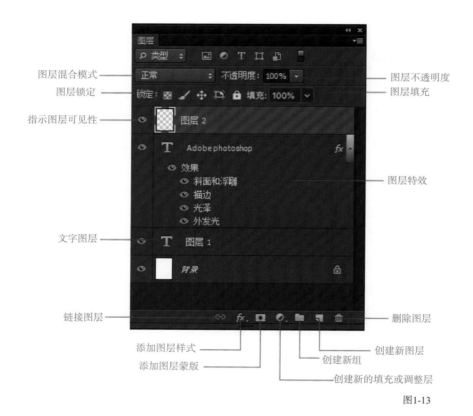

图1-13

2）图层的基本操作

（1）新建图层

选择菜单栏中的【图层】|【新建】|【图层】命令或按快捷键【Ctrl/Command+Shift+N】，弹出"新建图层"对话框（图1-14）。设置新建图层属性，或直接点击图层面板中的"创建新图层"图标 新建图层。

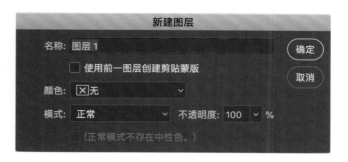

图1-14

（2）复制图层

选中要复制的图层，点击鼠标右键弹出菜单选择【复制图层】，或者将要复制的图层拖动到"创建新图层"图标 进行复制，还可以按快捷键【Ctrl/Command+J】。

（3）删除图层

选中要删除的图层，选择菜单栏中【图层】|【删除】|【图层】命令，或右键点击图层面板选择扩展菜单中的【删除图层】命令，还可以将要复制的图层拖动到"删除图层"图标 进行删除。

（4）图层合并

图层合并会给图层操作带来很大的便捷，有些情况下，处理文件需要非常多的图层，这样就会影响操作的速度，所以将某些图层合并可以大大提高操作的效率和速度。

①向下合并。向下合并是将当前图层与其下方的图层进行合并，执行【图层】|【向下合并】命令，或者按快捷键【Ctrl/Command+E】。合并前需确认要合并的图层是可见图层。

②合并可见图层。合并可见图层可以合并所有可见的图层，执行【图层】|【合并可见图层】命令，或者按快捷键【Ctrl/Command+Shift+E】。合并前需确认要合并的图层是可见图层。

③拼合图层。拼合图层可以将图像中所有的图层合并，无论是可见图层还是不可见图层，执行【图层】|【拼合图层】命令即可。

3）图层组

图层组类似于文件夹，可以将类似属性的图层放在一起统一管理，同时还可以利用其展开和收起的特性节省图层面板的操作空间。

（1）新建图层组

选择菜单栏中的【图层】|【新建】|【组】命令，或者选择图层面板扩展菜单中的【新建组】命令弹出"新建组"对话框（图1-15），在此对话框中可以设置图层组的属性；也可点击图层面板下方的"创建新组"图标 ，直接新建图层组。

（2）复制与删除图层组

复制图层组与复制图层的方法相同，选中要复制的图层组，点击鼠标右键弹出菜单选择【复制组】，或者将要复制的图层组拖动到"创建新图层"图标 ![] 进行复制。如果要删除图层组，选择菜单栏中图层面板扩展菜单中的【删除组】命令，或者将要删除的图层组拖动到"删除图层"图标 ![]，同时会弹出一个提示框（图1-16）。如果将组和内容一起删除，则选择"组和内容"；如果只删除组，保留组内的图层，则选择"仅组"。

图1-15 　　　　　　　　　　　　　　　　　　　　图1-16

4）图层样式

图层样式是应用于一个图层或图层组的一种或多种效果，可以使用"图层样式"对话框来创建自定义样式。点击图层面板中的"添加图层样式"图标 ![fx]，展开图层样式菜单（图1-17），选择需要的图层样式点击便可以打开"图层样式"对话框；或者使用"图层样式"对话框中的一种或多种效果创建自定义样式（图1-18）。

①投影：在图层内容的后面添加阴影。

②内阴影：紧靠在图层内容的边缘内添加阴影，使图层具有凹陷外观。

③外发光和内发光：添加从图层内容的外边缘或内边缘发光的效果。

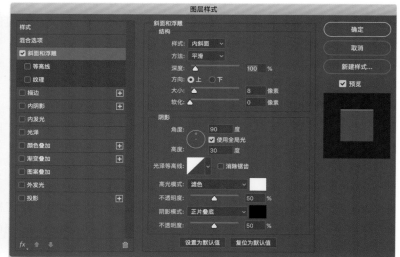

图1-17 　　　　　　　　　　　　　　　　　　　　图1-18

④斜面和浮雕：对图层添加高光与阴影的各种组合。

⑤光泽：应用创建光滑光泽的内部阴影。

⑥颜色叠加、渐变叠加、图案叠加：用颜色、渐变或图案填充图层内容。

⑦描边：使用颜色、渐变或图案在当前图层上描画对象的轮廓。

5.选区的重要性

选区是Photoshop中最基本也是最重要的操作。选区是封闭的区域，可以是任何形状。选区一旦建立，大部分操作就只针对选区范围内有效。如果要针对全图操作，必须先取消选区。

1）选区工具

（1）规则选区工具

规则选区工具包括【矩形选框工具】 、【椭圆选框工具】 ，可以结合快捷键【Shift】建立正方形或正圆选区。

（2）套索工具

【套索工具】 可以用鼠标随意画出一个选区；【多边形套索工具】 可以通过鼠标的连续点击画出一个多边形选区。

（3）快速选择工具

【快速选择工具】 是一种基于色彩差别，但能通过调节画笔大小来控制选择区域的选择方法。拖动鼠标时选区会向外扩展并自动查找和跟随图像中定义的边缘。

（4）魔棒工具

【魔棒工具】 可以选择颜色一致的区域，而不必跟踪其轮廓。通过容差值的调整选择图像，容差值越小选区范围越小，较高的容差值可以选择更宽的色彩范围。

（5）色彩范围

使用菜单【选择】|【色彩范围】命令打开"色彩范围"对话框（图1-19）。其中，"颜色容差"数值越大，所包含的近似颜色越多，选区范围越大，【色彩范围】命令可以更加准确、快速地选择色彩范围，而且还可以对选择的色彩范围进行任意调整。

图1-19

2）编辑选区

（1）移动选区

直接用鼠标拖动选区，在此过程中按住【Shift】键可使选区在45度的倍数（90度、180度等）方向移动，或按方向键【→】、【↓】、【←】、【↑】每次以1像素为单位移动选择区域。在此过程中，按住【Shift】键可使选区以10倍的单位移动。

（2）增减选区范围

增减选区范围可以通过工具属性栏中的按钮设置选区的增减（图1-20）。

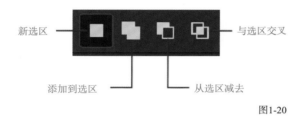

图1-20

（3）羽化选区

羽化选区是令选区内外衔接的部分虚化，起到渐变的作用，从而达到自然衔接的效果。羽化值越大，虚化范围越宽，也就是说颜色渐变得越柔和。羽化值越小，虚化范围越窄（图1-21）。

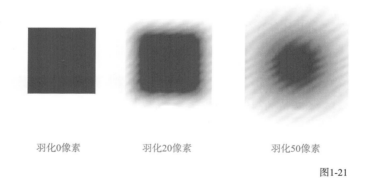

图1-21

（4）选区选取

①全区全选。全区全选用于将当前图层中图像全部选取，可以选择菜单【选择】|【全部】命令，或按快捷键【Ctrl/Command+A】。

②选区反选。选区反选用于将当前图层中的选区和非选区进行互换，可以选择菜单【选择】|【反向】命令，或按快捷键【Ctrl/Command+Shift+I】。

③取消选区。取消选区可以选择菜单【选择】|【取消选择】命令，或按快捷键【Ctrl/Command+D】。

6.色彩与调色

调色是图片调整中非常重要的环节，Photoshop主要的调色命令集中在【图像】|【调整】菜单中，下面我们对其中主要的命令进行讲解。

1）色阶

色阶表现了一幅图的明暗关系。在Photoshop中可以执行【图像】|【调整】|【色阶】，或使用快捷键【Ctrl/Command+L】，打开"色阶"对话框（图1-22）。通过调整图像的阴影、中间调和高光的强度级别，从而校正图像的色调范围和色彩平衡。

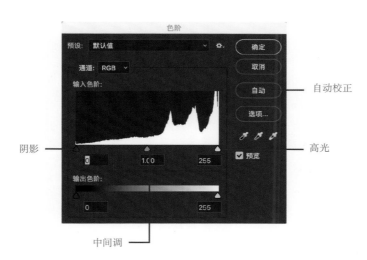

图1-22

2）曲线

曲线是反映图像的亮度值。一个像素有着确定的亮度值，改变亮度值可以使其变亮或变暗。执行【图像】|【调整】|【曲线】，或使用快捷键【Ctrl/Command+M】，打开"曲线"对话框。

在"曲线"对话框中用不同的曲线形状调整对比度和亮度的效果（图1-23）。

①S形曲线（增加对比度）：将曲线向内推，照片对比度会相应提高。

②反S形曲线（降低对比度）：将曲线向外拉，照片对比度则会下降。

③曲线向上（增加亮度）：将曲线向上拉，照片亮度会相应提高。

④曲线向下（降低亮度）：将曲线向下拉，照片亮度则会下降。

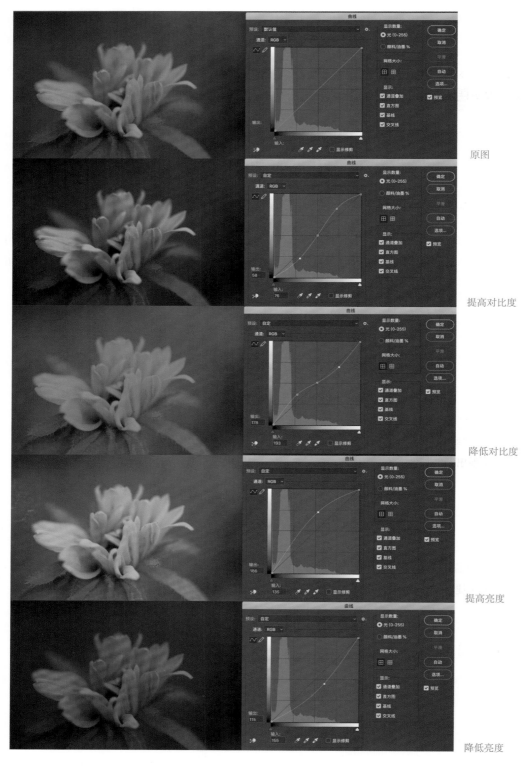

原图

提高对比度

降低对比度

提高亮度

降低亮度

图1-23

3）色相/饱和度

【色相/饱和度】命令是较为常用的色彩调整命令，可以调整整个图像的色相、饱和度和明度。执行【图像】|【调整】|【色相/饱和度】命令，或按快捷键【Ctrl/Command+U】，打开"色相/饱和度"对话框（图1-24）。

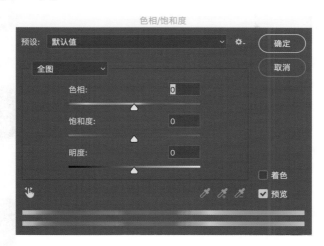

图1-24

①色相是色彩的首要外貌特征，除黑、白、灰以外的颜色都有色相的属性，它是区别不同色彩最准确的标准，如红色、黄色、橙色等。

②饱和度是指色彩的鲜艳度，饱和度高的色彩较为鲜艳，饱和度低的色彩较为暗淡。

③明度即色彩的明暗差别，明度最高的是白色，最低的是黑色。明度高的图片与明度低的图片相比，可表现出色彩深浅的差别。

4）色彩平衡

色彩平衡是通过对图像的色彩平衡处理来校正图像色偏、饱和度高或饱和度不足的情况，也可以根据自己的需要调整图像的色彩，更好地完成画面效果。执行【图像】|【调整】|【色彩平衡】命令，或按快捷键【Ctrl/Command+B】，打开"色彩平衡"对话框（图1-25）。

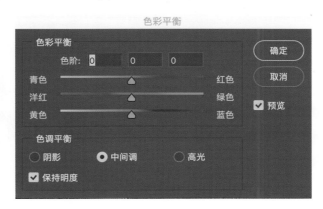

图1-25

7.强大的绘图工具

Photoshop CC为用户提供了强大的绘图工具，主要包括【画笔工具】、【铅笔工具】、【颜色替换工具】、【混合器画笔工具】、【橡皮擦工具】等。

1）画笔工具

【画笔工具】是绘图工具中最为常用的工具之一。在界面上方的工具属性栏设置画笔属性，只要设置好所需要的笔刷大小、形状、压力参数，就可以直接使用鼠标在页面中进行绘画。

①笔刷大小：可以在界面上方的工具属性栏中调整，或者按快捷键【［】为缩小笔刷，按【］】为放大笔刷（图1-26）。

②硬度：决定了画笔边缘的过渡效果，类似于羽化（图1-27）。

③不透明度：可以在界面上方的工具属性栏中调整，或者按数字键，1表示10%，2表示20%，以此类推。

④流量：指画笔头的深浅，用来设置当光标移动到某个区域上方时应用颜色的速率，同样在界面上方的工具属性栏中调整（图1-28）。

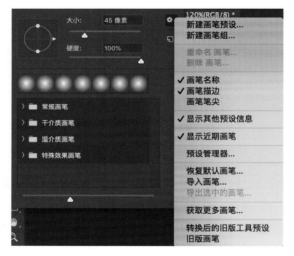

图1-26

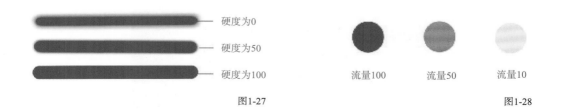

图1-27   图1-28

2）铅笔工具

【铅笔工具】常用来画一些棱角突出的线条，类似画笔。铅笔工具与画笔工具的选项类似，不同的是它没有"流量"和"喷枪"的设置，却有"自动抹除"的设置。

启用"自动抹除"复选框（图1-29），当画布颜色为前景色时，使用铅笔工具可以将其涂抹为背景色；当画布颜色为背景色时，使用铅笔工具可以将其涂抹为前景色。

图1-29

3）颜色替换工具

使用【颜色替换工具】可以在不更改图案的状态下进行图像中特定颜色的替换。该工具不适用于位图、索引或多通道颜色模式的图像。

Photoshop中对图像进行颜色替换时，可以利用颜色替换工具，也可以执行【图像】|【调整】|【替换颜色】命令。利用颜色替换工具替换颜色时，应将前景色设置为目标颜色。

4）混合器画笔工具

【混合器画笔工具】可以绘制出逼真的绘画效果，是较为专业的绘画工具，可通过属性栏设置笔触的颜色、潮湿度、干燥度、混合颜色等，就如同我们在绘画水彩、水粉或者油画时调整颜料的浓淡、混合颜色等（图1-30）。

图1-30

5）橡皮擦工具

【橡皮擦工具】主要是用来擦去不要的某一部分。如果是背景图层，擦掉的部分将会显示背景色颜色；如果设置为普通图层，则擦掉的部分会变成透明区域。

【背景橡皮擦工具】与颜色替换工具的选项是一样的，只不过这个工具是选择要擦除的颜色范围。可以进行简单的抠图，选择保护前景色，在进行颜色擦除的过程中如果有前景色，则前景色的颜色不会被擦除。

【魔术橡皮擦工具】主要用于选取图像中颜色相近或大面积单色区域的图像，消除锯齿对擦除的锯齿优化改变。选择该工具后，可以在工具属性栏中设置工具属性。

8.文字工具

文字是设计中非常重要的一部分，Photoshop的文字工具主要包括【横排文字工具】 ，【直排文字工具】 。

1）输入文字

【横排文字工具】 可以输入水平方向排列的文字，【直排文字工具】 可以输入垂直方向排列的文字。选择需要的文字工具后单击画面，当界面出现输入光标后即可输入文字，按【回车键】可换行。若要结束输入可按【Ctrl/Command+Enter】或点击属性栏中的提交编辑按钮 ，输入文字后将会自动建立一个文字图层，并以输入文字内容命名。

另外，还可以通过建立文本框的方式输入文字，这种方式可以使文字自动换行，使排版整齐。当文字没有被完全显示时，文本框的右下角会出现【＋】号，表示有文字溢出现象，可以适当调整文本框的大小。

2）字符面板

执行【窗口】|【字符】，打开字符面板，设置字符的字间距、行间距、水平缩放、垂直缩放、基线偏移、粗体、斜体等属性（图1-31）。

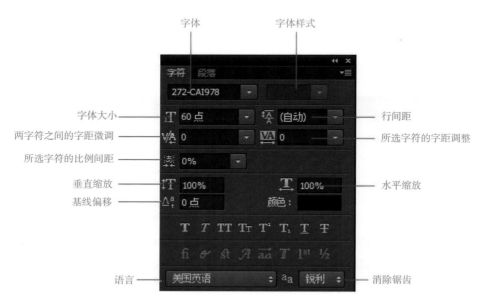

图1-31

3）段落面板

段落面板的大多数选项只适用于段落文字。执行【窗口】|【段落】，打开段落面板（图1-32）。

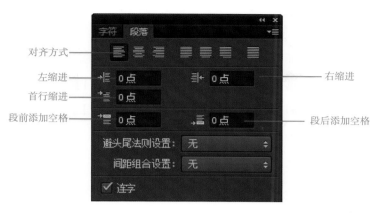

图1-32

4）路径文字

路径文字指的是让文字按照路径的走势来排列。要创建路径文字，首先要绘制路径，然后选择【横排文字工具】**T**或【直排文字工具】**↓T**，将鼠标移至路径边缘，光标会变成中间有一条斜曲线的图案，点击鼠标，当出现闪动的光标后即可输入文字，文字会沿着路径排列（图1-33）。输入的文字和路径都可以运用相应的工具再次修改。

图1-33

5）区域文字

区域文字是指将文字限定在某个图形当中。要创建区域文字，首先要绘制一个形状路径，然后选择【横排文字工具】**T**或【直排文字工具】**↓T**，将鼠标移至路径内部，鼠标会变成一个圆形包围输入光标的图案。点击鼠标，当出现闪动的光标后即可输入文字，文字会在限定的图形中自动换行（图1-34）。

图1-34

9.路径工具

　　路径工具是一种矢量图工具，它能精确地绘制出直线或光滑的曲线。路径色主要用于填充或描边图像区或轮廓，并转换成选区。路径工具主要包括【钢笔工具】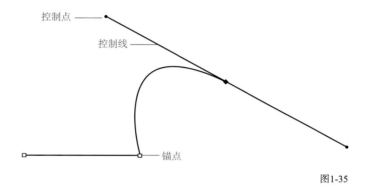、【自由钢笔工具】、【弯度钢笔工具】、【添加锚点工具】、【删除锚点工具】和【转换点工具】。

1）路径的组成

　　路径由锚点、控制线和控制点组成（图1-35）。锚点用于连接路径段、控制路径状态，而曲线段上选中的锚点两端会显示一条或两条控制线，控制线的结束点为控制点。控制线和控制点决定曲线的形状，移动这些元素可以改变曲线的形状。

控制点 ——

控制线 ——

—— 锚点

图1-35

2）绘制路径工具

（1）钢笔工具

　　【钢笔工具】是Photoshop中最主要的绘制路径的工具，钢笔工具可以绘制直线、曲线和各种精确的图像。

　　①绘制直线：选择【钢笔工具】，在画面中单击以创建锚点，然后将鼠标移动到其他位置再次点击，即可以在两点之间创建直线路径。若在单击的同时按住【Shift】键，则能绘制出45度角的倍数方向的直线。

　　②绘制曲线：选择【钢笔工具】，在画面中单击以创建锚点，然后将鼠标移动到其他位置再次点击，同时拖动鼠标并通过控制线调整曲线斜度，即可创建曲线路径（图1-36）。

（2）自由钢笔工具

　　【自由钢笔工具】可以按住鼠标随意拖动，鼠标经过的地方即生成路径和节点。当选中属性栏中的【磁性】后，【自由钢笔工具】变为【磁性钢笔工具】，可自动跟踪图像中物体的边缘，自动形成路径。

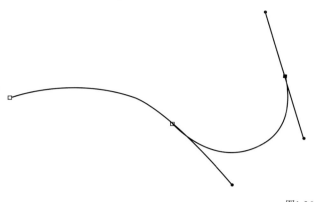

图1-36

（3）弯度钢笔工具

使用【弯度钢笔工具】 能更轻松地绘制平滑曲线和直线段，创建自定义形状或精确定义路径，无须切换工具就能创建、切换、编辑、添加或删除平滑点或角点，平滑点转化为角点只需要双击该点即可。

（4）添加锚点工具

选择【添加锚点工具】 后，将鼠标放在已画好的工作路径上，这时鼠标变成【添加锚点工具】按钮，单击鼠标即可在工作路径上增加锚点。

（5）删除锚点工具

选择【删除锚点工具】 后，将鼠标放在已画好的工作路径上，这时鼠标变成【删除锚点工具】按钮，单击鼠标即可在工作路径上删除锚点。

（6）转换点工具

【转换点工具】 可以相互转化角点和平滑点，在平滑点上点击会直接将平滑点转化为角点；若在角点上点击同时拖动鼠标，拖动出平滑点的控制线，即可将角点转化为平滑点（图1-37）。

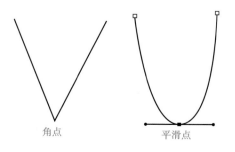

图1-37

3）路径选择

选择路径的工具主要包括两个：【路径选择工具】▷ 和【直接选择工具】▷。

（1）路径选择工具

【路径选择工具】▷ 是用来选择一个或几个路径并对其进行移动、组合、复制等操作的，在移动过程中按住【Alt】键可以对选中的路径进行复制。

（2）直接选择工具

【直接选择工具】▷ 是用来移动路径中的节和线段的，也可以调整控制线和控制点。如果按住【Shift】键点击，可以选择多个锚点，或者选择【直接选择工具】后框选，也可以选择多个锚点。

4）路径控制面板

路径面板是对路径进行管理和操作的面板，可以执行菜单栏【窗口】|【路径】打开路径控制面板（图1-38）。

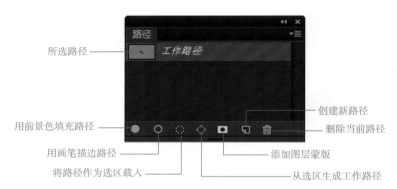

图1-38

（1）新建路径

单击路径面板下方的"创建新路径"图标，此时路径面板会新建路径，或者在不选择任何路径的前提下，单击路径扩展菜单中的"新建路径"（图1-39）。

（2）将路径转换成选区

路径工具可以将路径转换成选区，以此制作出复杂的选区范围。方法是完成闭合路径绘制后，选择路径面板菜单中的【建立选区】命令或配合【Ctrl/Command+Enter】组合键即可。另外还可以将选区转化为路径，选择路径面板菜单中的"从选区生成工作路径"图标。

图1-39

（3）描边路径

路径所围成的边线可以利用色彩进行描边，并且可以任意选择描边的绘图工具。选择要描边的路径，再单击路径面板菜单中的"用画笔描边路径"图标，即可描边。

（4）形状工具

形状对象以三种不同的形式建构于图形上，在工具属性栏中选中任意形状工具（图1-40）便可进行设置。在进行绘制前先以单击方式来指定所要选用的形状模式，形状对象便会更改其属性，直接建构于图形中（图1-41）。

①形状：形状图层为默认的开头对象模式，其包含两种组成部件，分别为定义对象外形的剪贴路径和定义对象内容的填充图层，此种图层不能直接进行编辑。

②路径：构建的图像上方只有工作路径的存在而没有为该路径填充。

③像素：构建的图像上方只有为该路径填充的像素（默认填充的颜色为当前的前景色），而不存在路径。

为了方便操作，形状工具提供了常用的几何形，可以从形状工具选项栏中单击选择。

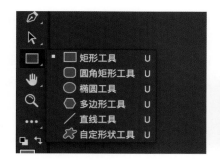

图1-40

图1-41

10.认识通道

1）什么是通道

通道作为图像的组成部分，与图像的格式密不可分，不同的图像颜色、格式决定了不同通道的数量和模式，可以简单地将其理解为一个容器，用来记录颜色信息或者选区。

2）通道的分类

通道记录的内容不同，我们对它的命名就不同。通道大致可以分为三类：颜色通道、Alpha通道和专色通道。

（1）颜色通道

颜色通道分为复合通道和单色通道（图1-42）。复合通道是用于保存图像综合颜色信息的通道，而单色通道是指用于保存各种单色信息的通道。

图1-42

（2）Alpha通道

Alpha通道主要用来保存被选中的区域，使其不被编辑和修改。在Alpha通道中，选区被作为八位的灰度图像保存。默认情况下，白色表示被完全选中的区域，灰色表示被不同程度选中的区域，而黑色则表示未被选中的区域。

若需要存储选区，可以通过Alpha通道来保存，当建立选区后执行【选择】|【存储选区】命令，弹出"存储选区"对话框（图1-43），点击确定，此时在通道面板会添加一个Alpha通道来保存选区。

（3）专色通道

专色通道用来记录颜色信息，多用在印刷领域。印刷品的颜色模式是CMYK模式，而专色是一系列特殊的预混油墨，我们用来替代或补充CMYK中的油墨色，以便更好地体现图像效果。

创建专色通道在通道面板扩展菜单中选择【新建专色通道】命令，或按住【Ctrl/Command】键单击通道面板中的"创建新通道"图标，即可弹出"新建专色通道"对话框（图1-44）。

另外还可以通过双击Alpha通道，打开"通道选项"对话框，将Alpha通道转化为专色通道（图1-45）。

图1-43

图1-44

图1-45

3）通道面板

通道面板是用来创建和管理通道的控制面板。通道面板可以通过点击【窗口】|【通道】显示，在通道面板中列出图像中的所有通道（图1-46）。

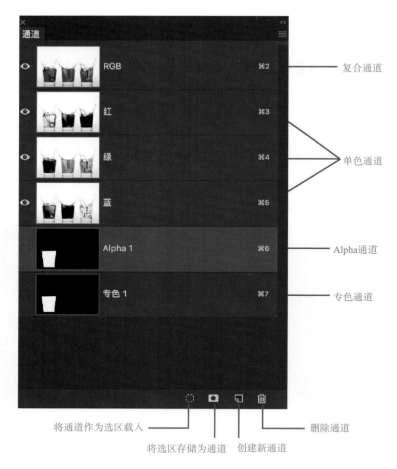

复合通道

单色通道

Alpha通道

专色通道

将通道作为选区载入

将选区存储为通道   创建新通道

删除通道

图1-46

11.蒙版工具

1）什么是蒙版

蒙版是一种特殊的选区，它的目的并不是对选区进行操作，相反，是要保护选区不被操作，同时不处于蒙板范围的区域则可以进行编辑与处理。在蒙版中，黑色为完全透明，白色为完全不透明，灰色表示半透明。

蒙版大致可以分为快速蒙版、图层蒙版、剪贴蒙版和矢量蒙版。

2）不同蒙版的创建和编辑

（1）快速蒙版

快速蒙版是一个临时蒙版，当退出快速蒙版编辑模式后便会消失。

创建快速蒙版可以点击工具箱下方的"快速蒙版"图标，或者按快捷键【Q】。然后选择【画笔工具】，在画面中涂抹，默认情况下会被红色遮盖，再次点击"快速蒙版"图标或按快捷键【Q】，所涂抹的区域会转换为选区（图1-47）。

双击"快速蒙版"图标，打开"快速蒙版选项"对话框，调整快速蒙版属性（图1-48）。

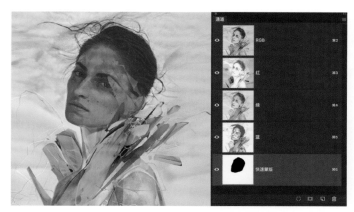

图1-47

图1-48

图1-49

（2）图层蒙版

图层蒙版是在图层上添加蒙版，通过对图层蒙版的编辑控制图像的显示区域，而不改变图层上的原始内容。图层蒙版最大的优点就是显示或者隐藏图像时，进行的是无破坏性操作，所有的操作均在图层蒙版中完成，不会影响图层中的像素。

①创建图层蒙版。选中要添加图层蒙版的图层，单击图层面板底部的"创建蒙版"图标，此时在所选图层后出现蒙版缩览图，蒙版缩览图为白色，表示整个图层内容全部显示（图1-49）。如果按住【Alt】键，点击"创建蒙版"图标，蒙版缩览图为黑色，整个图层内容将被全部隐藏。

图层蒙版中只有黑、白、灰三类颜色，黑色区域表示隐藏内容，白色区域表示显示图层内容，灰色区域表示有一定透明度的图层内容。所以要编辑图层蒙版，可以选中图层蒙版缩览图，选择需要的颜色，然后使用绘画工具在画面中涂抹，作用到图像（图1-50）。

②编辑图层蒙版。停用图层蒙版，选中需要停用的图层蒙版，按【Shift】键点击，此时图层面板上会出现一个✖，表示图层蒙版停用（图1-51）。再次按【Shift】键可以还原图层蒙版。

③放大图层蒙版。按住【Alt】键点击图层蒙版，可使图层蒙版放大，界面中会出现图层蒙版中的图像（图1-52）。

图1-50

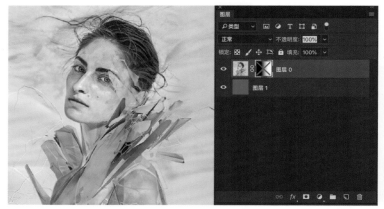

图1-51

图1-52

④删除图层蒙版。选中要删除的图层蒙版，将其拖移到图层面板底部的"删除"图标，弹出警告对话框（图1-53）。单击"应用"，应用蒙版；单击"删除"，则删除图层蒙版，但不应用更改。

图1-53

（3）剪贴蒙版

剪贴蒙版的作用是将某些内容放在某个形状中，即将上层图像中的内容像素显示在下层图像的形状上。利用剪贴蒙版可以创造各式各样的剪贴效果。

①创建剪贴蒙版。首先要调整图层位置，用作剪贴蒙版的图层应放在要蒙盖图层的下方，即形在下方，内容在上方。然后按住键盘上的【Alt】键，将鼠标放在两个图层中间，鼠标将变成一个向下的箭头和方块，单击鼠标左键，上方图层缩览图右缩进，蒙版中下方图层的名称上出现下划线（图1-54）。

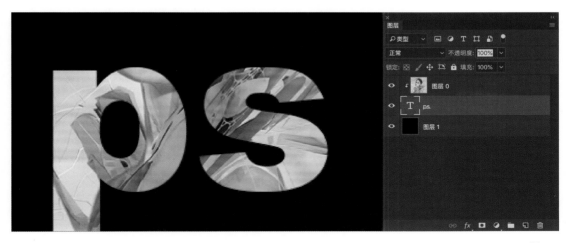

图1-54

②释放剪贴蒙版。将鼠标放在两个图层之间，按住【Alt】键，同时单击鼠标左键，即可将图层从剪贴蒙版中释放出来，同时图层缩览图前的缩进图标消失。

（4）矢量蒙版

矢量蒙版是由钢笔工具或形状工具创建的。矢量蒙版上只有显示与隐藏，没有半透明的显示，也不能使用画笔和其他编辑工具修改蒙版的颜色，只可用形状和钢笔工具改变蒙版的形状。

在图像中使用路径工具创建路径后，按住【Ctrl/Command】键单击图层面板底部"添加图层蒙版"图标，即可快速添加矢量蒙版。路径内部的图像显示，路径外部的图像则被隐藏。

①创建矢量蒙版。在图层面板中选择要添加矢量蒙版的图层或图层组，然后执行【图层】|【矢量蒙版】|【显示全部】命令，即可创建显示整个图层内容的蒙版。单击【图层】|【矢量蒙版】|【隐藏全部】命令，可以创建隐藏整个图层内容的蒙版。

如果图像中有路径存在，且路径处于显示状态，则单击【图层】|【矢量蒙版】|【当前路径】命令，可以创建显示形状内容的矢量蒙版。

②编辑矢量蒙版。矢量蒙版的作用就是在图像上创建边缘清晰的形状，然后在形状中显示图像内容。在图层面板或路径面板中单击矢量蒙版缩览图，将其设置为当前状态，然后利用工具箱中的钢笔工具或路径编辑工具更改路径的形状即可编辑矢量蒙版。

第二课　Photoshop CC色彩

课时： 8课时

要点： Photoshop中颜色调整分为两部分——校色和调色，校色是校准图片的色彩，调色是要调整整个图片的色彩。本节课主要讲解Photoshop中的色彩调整技巧。

1.常规调色——最佳视觉效果

本案例主要介绍了图片的常规调色技巧，在制作过程中主要调整图片的色阶、饱和度以及加强图片锐化等，实现图片的最佳视觉效果。

①执行【文件】|【打开】或按快捷键【Ctrl/Command+O】，找到素材1打开图片（图2-1）。

②选择【图像】|【调整】|【色阶】，打开"色阶"对话框调整图片色阶，或者按住快捷键【Ctrl/Command+Shift+L】自动校准图片色阶（图2-2）。

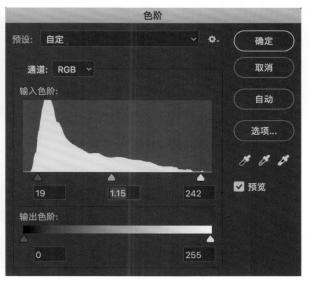

图2-1　　　　　　　　　　　　　　　　　　　　　　　　图2-2

③饱和度是指色彩的鲜艳程度，追加饱和度可使图片的色彩更加鲜艳。选择【图像】|【调整】|【色相饱和度】或按快捷键【Ctrl/Command+U】调整饱和度（图2-3）。

④强化色调，根据图片的色调趋向加强色调倾向。一般来说，风景图像色调偏冷，人像图像色调偏暖。此处，我们把环境色调调冷，水果色调调暖，使图片看上去更诱人。

选择【图像】|【调整】|【色彩平衡】或按快捷键【Ctrl/Command+B】，色彩平衡的调整有三种方式：中间调、阴影和高光。中间调是图片原本的颜色，根据图片颜色进行调整，一般来说中间调调整不大；阴影和高光可以根据图像在图片上的分布单独进行调整，但是注意一定要勾选保持明度（图2-4、图2-5）。

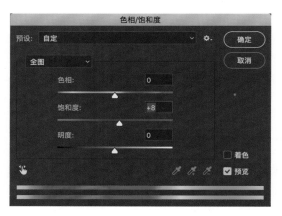

图2-3

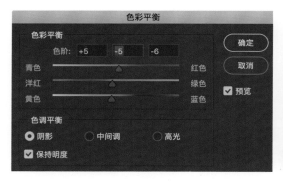

图2-4

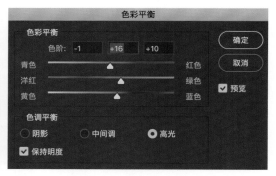

图2-5

⑤锐化可使图片看起来更清晰，复制背景层，得到背景拷贝。

选择【滤镜】|【其他】|【高反差保留】，打开"高反差保留"对话框，设置参数为1px（图2-6）。

将背景副本图层混合模式选为柔光，即屏蔽了灰色，锐化了轮廓（图2-7）。

⑥盖印图层【Ctrl/Command+Alt+Shift+E】，得到最终效果，保存文件（图2-8）。

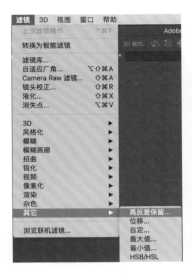

图2-6

图2-7

图2-8

2.Camera Raw——全局调色

本案例主要介绍Camera Raw滤镜调色技巧。Camera Raw原本是Adobe公司一款为专业摄影师提供的设计软件，可以读入并强化原始资料影像，被称作数码暗房。Photoshop CC中，Camera Raw作为一个滤镜出现，集合了众多调色功能，可全面调整图片色彩。

①执行【文件】|【打开】或按快捷键【Ctrl/Command+O】，找到素材2打开原图图片（图2-9）。

图2-9

②选择【滤镜】|【Camera Raw滤镜】，打开"Camera Raw滤镜"对话框。首先调整基本参数，原始图片偏灰可以先点击自动按钮，自动校准色彩，让整个图片有明确的色彩倾向，追加清晰度和自然饱和度，然后再根据图片效果对曝光、对比度、阴影等做出调整（图2-10）。

③选择【色调曲线】按钮，打开对话框，该项调整针对图片的亮部或者是暗部。在调整过程中相互之间的影响不大，适合只针对暗部或者亮部的调整（图2-11）。

④选择【HLS/灰度】按钮，打开对话框，该项调整针对图片的色相、饱和度、明度。此项中的调整都是针对某一个颜色，比如要调整图片中前景部分的饱和度，需要在蓝色或者绿色按钮中滑动调整，调整太阳光的颜色需要在黄色、橙色、红色中进行调整（图2-12）。

⑤添加【渐变滤镜】，加强天空蓝色的显示。选中对话框中上部的【渐变滤镜】按钮，打开对话框，在图片中拖动鼠标，拖动的区域即滤镜所作用的区域，然后对其参数进行调整（图2-13）。

图2-10

图2-11

图2-12

图2-13

⑥选择【调整画笔工具】，对细节部分进行微调，如希望树枝的部分色彩更暖一些，可以选中调整画笔在需要调整的部分拖动鼠标，再调整右边的参数即可。

⑦调整完成点击对话框下部的确定按钮，得到最终效果，保存文件（图2-14）。

图2-14

3.艳丽色调之诱——Lab模式应用

本案例运用图片的Lab色彩模式来调整图片颜色。Lab模式是一个理论上包括了人眼可见的所有色彩的色彩模式。Lab模式也是由三个要素组成："L"表示明度；a通道的颜色是从深绿色（低亮度值）到灰色（中亮度值）再到亮粉红色（高亮度值）；b通道的颜色则是从亮蓝色（低亮度值）到灰色（中亮度值）再到黄色（高亮度值）。Lab模式弥补了RGB与CMYK两种色彩模式的不足，是Photoshop用来从一种色彩模式向另一种色彩模式转换时使用的一种内部色彩模式。Lab可以让你在最短的时间制作出最好的效果，它所产生的色彩明亮度足以让人大吃一惊。

①执行【文件】|【打开】或按快捷键【Ctrl/Command+O】，找到素材3打开原图图片（图2-15）。

②调整色阶，按快捷键【Ctrl/Command+Shift+L】自动调整色阶。

图2-15

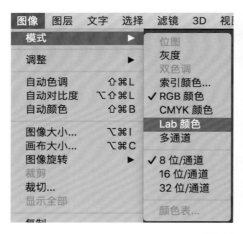

图2-16

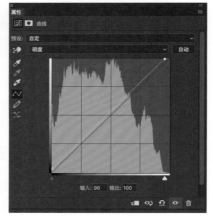

图2-17

③选择菜单栏中的【图像】|【模式】，将RGB色彩模式改为Lab色彩模式（图2-16）。

④在图层面板中按 打开创建新的填充或调整图层，选择【曲线】，打开对话框。在对话框中调整明度通道，把图片颜色整体提亮（图2-17）。

选择a通道，锁定中间点不动，调整a通道曲线，将人物的肤色调暖（图2-18）。

选择b通道，锁定中间点不动，调整b通道曲线，为图片添加黄色与蓝色色调（图2-19）。

图2-18

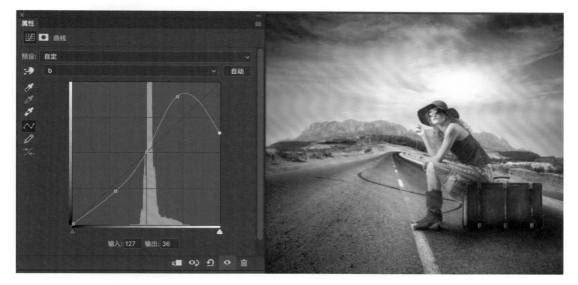

图2-19

⑤照片颜色调整完毕，将Lab色彩模式转变为RGB色彩模式，选择菜单栏中的【图像】|【模式】，将Lab色彩模式改为RGB色彩模式。

⑥复制背景层，得到背景副本，选择【滤镜】|【其他】|【高反差保留】，打开"高反差保留"对话框，设置参数为1px（图2-20）。

将背景副本图层混合模式改为柔光，屏蔽灰色、锐化轮廓，如果进一步锐化，将背景副本再次复制即可。

⑦盖印图层按快捷键【Ctrl/Command+Alt+Shift+E】，得到最终效果，保存文件（图2-21）。

图2-20

图2-21

4.正片负冲——电影胶片质感

扫二维码，观看视频

第二单元
Photoshop CC设计案例

课　　　时: 40课时

单元知识点: 本单元着重以案例教学为切入点，从文字案例、插画设计、UI交互、3D设计和综合设计案例几个板块去学习本课程的教学计划内容。利用多元化、多维度的案例教学，提升学生对Photoshop的实践操作能力。

第三课　创意文字

课时： 8课时

要点： 本课主要学习文字案例的设计制作。选择几种常用的文字效果，结合蒙版、画笔、图层样式、滤镜等工具创意出不同风格的文字效果。文字设计是平面设计中不可或缺的部分，创意文字能极大提升作品的美观度，保证信息的精准传达。

1.金色手写字体设计

①执行【文件】|【新建】或按快捷键【Ctrl/Command+N】，弹出"新建"对话框，设置各项参数，然后点击"创建"（图3-1）。

图3-1

②使用文字工具，选择一个手写字体，设置好字体格式（图3-2）。

③依次输入"京""东""6.18"（三个图层）（图3-3）。

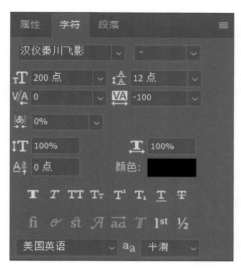

图3-2　　　　　　　　　　　　　　　　　　　　　　　　　　　图3-3

④打开笔触素材，以"京"字为骨架，拖入书法笔画素材，找到适合或者类似的笔画，使用快捷键【Ctrl/Command+T】调整大小、位置、角度，拼凑出"京"字，并添加蒙版，使用【画笔工具】擦除笔画多余部分（图3-4）。完成后选中原字及其笔触，按快捷键【Ctrl/Command+G】进行编组（图3-5）。

图3-4　　　　　　　　　　　　　　　　　　　　　　　　　　　图3-5

⑤同样拖入书法笔画素材，拼出"东"字，然后进行编组。注意在拼凑过程中，一定要把字体的识别性放在首位，其次是美观。比如"东"字的原素材笔画较粗且交叉较多，如果使用原素材直接拼凑，易造成笔画堆叠，识别性下降，所以要适当调整粗细、长短，保证文字的识别性（图3-6）。

⑥使用同样方法拼出"6.18"字体。"1"由于结构简单，可直接用竖笔画代替，"6"和"8"可以在首尾处添加笔风，增强视觉冲击力，之后进行编组（图3-7）。

⑦拖入"墨点.png"素材，在文字上进行点缀。这一步要注意虚实和疏密关系，之后将所有墨点素材进行编组（图3-8）。

图3-6

图3-7　　　　　　　　　　　　　　　　　　　　图3-8

⑧在主标题"京东6.18"下打入标语"只为品质生活"，并进行版面调整，居中对齐，注意区分主次，不要太过于隐蔽，更不要喧宾夺主，然后将以上所有图层进行编组（图3-9）。

⑨添加背景装饰并进行调整，让背景高光与文字位置一致（图3-10）。

⑩双击主题图层，添加"投影"效果（图3-11）。拖入质感素材，按住【Alt】键再点击图层创建剪切蒙版（图3-12）。

图3-9

图3-10

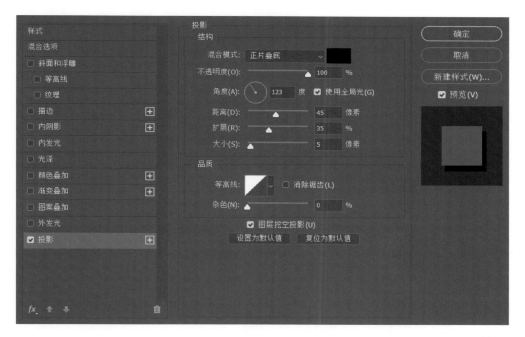

图3-11

图3-12

⑪拖入点光素材，单击【图层模式】选择"线性减淡（添加）"（图3-13）。按快捷键【Ctrl/Command+T】调整大小、位置，按【Alt】键移动复制，再调整亮度/对比度，注意区分主次大小和亮度。

⑫最终效果见图3-14、图3-15。

图3-13

图3-14

图3-15

2.立体文字设计

①执行【文件】|【新建】或按快捷键【Ctrl/Command+N】，弹出对话框，设置各项参数，然后点击"确定"。使用文字工具，输入"11.11"，设置想要的字体类型，颜色为浅黄色（图3-16、图3-17）。

图3-16   图3-17

②选择图层，按下快捷键【Ctrl/Command+J】复制图层，选择复制后的图层，单击右键选择【栅格化图层】命令栅格化图层。选择该图层执行【编辑】|【自由变换】或按快捷键【Ctrl/Command+T】，按住【Ctrl】键，分别调整自由变换选框的角点，使其产生透视效果（图3-18、图3-19）。

 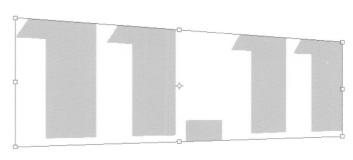

图3-18   图3-19

③选择栅格化的图层，为其添加【图层样式】命令，选择"斜面和浮雕"设置参数，把阴影的角度设置为左侧和下侧，并设置参数（图3-20）。

④选择该图层，按住【Alt】键，并同时按住向上和向右的方向键复制多个图层（图3-21）。

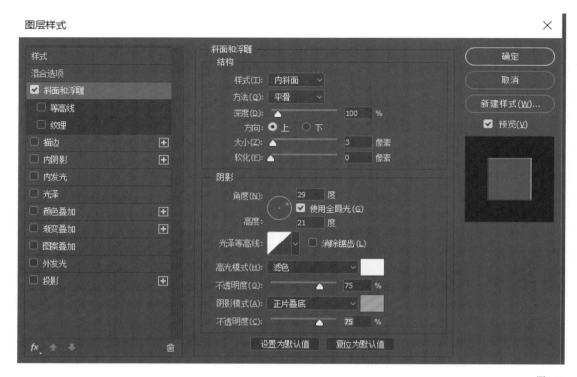

图3-20

图3-21

⑤把所有复制的副本图层编组，给文件夹起名为"底层"（图3-22），并对该组添加图层样式的【投影】命令，投影颜色要与后期背景协调，统一设置参数（图3-23）。

⑥按快捷键【Ctrl/Command+J】复制底层，并改名为"中层"，选择中层最上面的一个副本，进入其图层样式的面板中，添加"颜色叠加"，并修改为玫红色，再进入"斜面和浮雕"的命令中，将阴影颜色修改为较深的红色。然后将其图层样式拷贝给中层里的其他图层。再用【移动工具】把中层移到底层上方，注意整体透视效果，最后调整一下中层的阴影颜色。按照图片上标红数字顺序依次操作，操作步骤如图3-24至图3-26所示。

⑦按快捷键【Ctrl/Command+J】复制中层，并改名为"顶层"，用上述同样的方式调整顶层的参数和效果。再把顶层、中层、下层整体编一个组，起名为"11.11"（图3-27、图3-28）。

⑧在工具栏选择【文字工具】，输入"全民抢购"文字，根据喜好调整字体的类型和透视，技法与前面所讲的内容一致，注意区分最顶层颜色（图3-29）。

⑨为"全民抢购"和"11.11"两层增加一个厚度的底座，将"全民抢购"和"11.11"中底层的最下面一层移出来，按快捷键【Ctrl/Command+E】将两个图层合并，起名为"底座"并对其进行图层样式的描边处理（图3-30、图3-31）。

图3-22

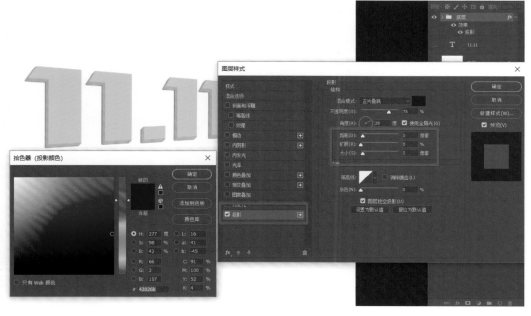

图3-23

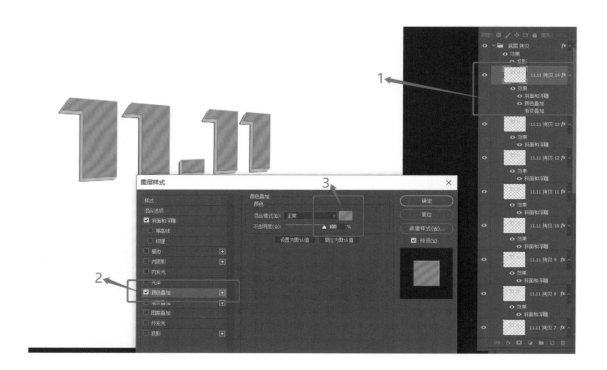

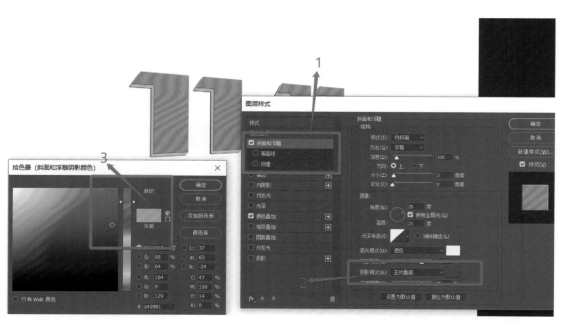

图3-24

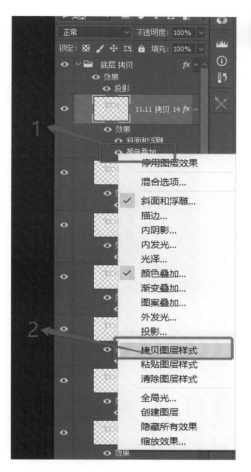

图3-25

图3-26

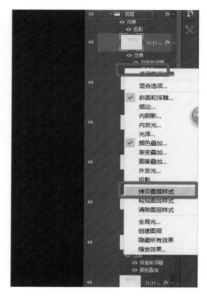

图3-27

图3-28

图3-29

图3-30

图3-31

⑩栅格化"底座"图层，选择图层样式的"叠加"命令，对其进行颜色更改，然后添加"斜面和浮雕"增加一定的厚度效果，用同样的方法制作底座厚度效果。对其复制图层进行编组，组名为"底座"，并对其内部最上面一层，添加一个"描边"的图层样式效果（图3-32至图3-34）。

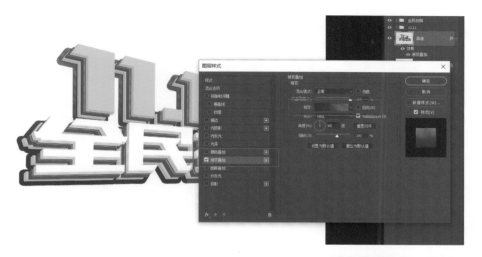

图3-32

图3-33

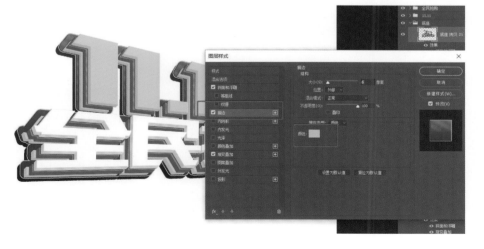

图3-34

⑪为其添加背景素材和其他装饰素材，完成设计制作（图3-35）。

图3-35

3.机车文字设计

①执行【文件】|【新建】或按快捷键【Ctrl/Command+N】，弹出"新建文档"对话框，设置各项参数，然后点击"创建"新建图像文件。按快捷键【Ctrl/Command+V】将AI中设计好的形状粘贴到Photoshop中并设置为像素图层，命名为"字体"（图3-36至图3-38）。

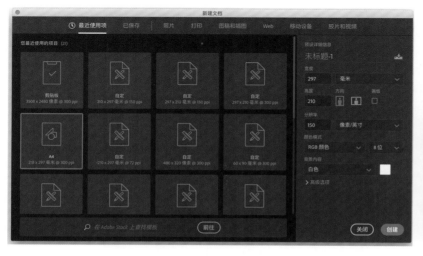

图3-36　　　　　　　　　　　　　　图3-37

图3-38

②按快捷键【Ctrl/Command+J】将"字体"图层复制出来，选中最下方的"字体"图层，使用【钢笔工具】分别选中字体的空白处，转换选区填充黑色（图3-39）。

图3-39

③置入铁板素材，选中拷贝字体图层，按【Ctrl/Command】键+单击缩览图将图层转换为选区，然后选中铁板图层，按快捷键【Ctrl/Command+J】复制出一个"图层1"（图3-40、图3-41）。

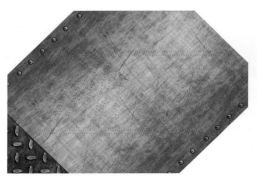

图3-40　　　　　　　　　　　　　　　　　　　　　　　图3-41

④选中最底部的"字体"图层，打开【图层样式】，选择"颜色叠加"设置参数，然后栅格化图层样式。按【Ctrl/Command】键+单击缩览图将图层转换为选区，按【Alt】键+向下键和向右键进行复制移动，让字体出现厚度效果（图3-42、图3-43）。

图3-42　　　　　　　　　　　　　　　　　　　　　　　图3-43

⑤置入背景素材，将最上方的"图层1"复制两个图层，选中最上方图层转换为选区，然后向左下方移动几个像素（图3-44、图3-45）。

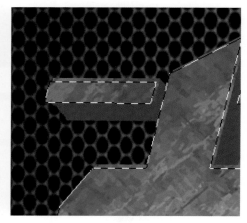

图3-44　　　　　　　　　　　　　　　　　　　　　　　图3-45

⑥继续上一步骤，选中"图层1"拷贝图层，按【Delete】键删除选区，然后再次将图层转换为选区，修改前景色，使用画笔在选区上涂抹（图3-46、图3-47）。

图3-46

图3-47

⑦选中字体图层，打开【图层样式】，分别选择"投影"和"颜色叠加"，设置参数（图3-48、图3-49）。

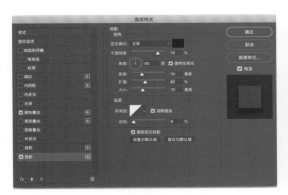

图3-48

图3-49

⑧选中"图层1"，打开【色相/饱和度】，设置参数（图3-50）。

图3-50

⑨置入齿轮素材，打开【色相/饱和度】，设置参数（图3-51）。

⑩继续上一步骤，打开【色相/饱和度】，设置参数，然后使用黑色画笔在齿轮周围涂抹压暗（图3-52）。

图3-51　　　　　　　　　　　　　　　　　　　　　　　　　　图3-52

⑪使用相同的方法，给每个洞里添加齿轮素材，效果见图3-53。

图3-53

⑫在背景图层上方新建图层，修改前景色（图3-54），使用画笔在字体下方画出阴影（图3-55）。

⑬在AI中制作出螺丝头图形，复制到Photoshop，用给文字添加铁板效果的方法对螺丝头图形进行效果添加。再打开【图层样式】，设置"斜面和浮雕"参数（图3-56至图3-58）。

⑭将螺丝头复制粘贴至文字的转折处，使文字更加丰富（图3-59）。

图3-54

图3-55

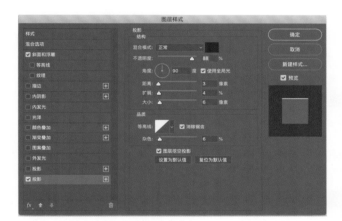

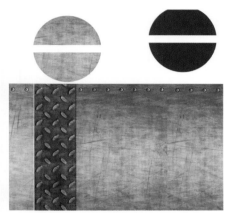

图3-56

图3-57

图3-58

图3-59

⑮置入火星素材，调整到合适的大小和位置（图3-60）。

图3-60

⑯盖印图层，创建"色相/饱和度"图层，创建剪切蒙版，设置参数（图3-61）。

⑰最终效果见图3-62。

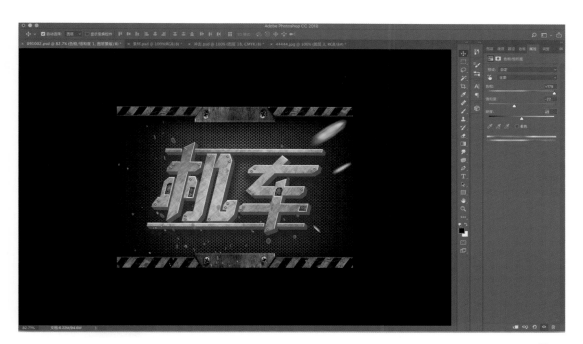

图3-61

图3-62

4.创意字体设计

扫二维码，观看视频

第四课　经典手绘

课时： 8课时

要点： 本课主要学习和掌握画笔笔刷的使用，配合【画笔工具】、【混合器画笔工具】、【涂抹工具】、【橡皮擦工具】、【钢笔工具】等，在绘画过程中注重画面的整体效果与主次关系，通过气氛渲染、虚实结合，调整图层的上下位置关系，并且使用【图层混合模式】、【图层样式】等制作肌理效果，创造丰富的层次关系，使画面更加生动自然。

1.上元夜未央——原画设计

①新建文件命名为"上元夜未央"，尺寸为80cm×60cm，分辨率为300dpi（图4-1）。配合数位板，选择【工具箱】|【画笔工具】，选择"good画笔-3"（图4-2）。这支画笔一般可用来起稿，画线稿时画笔色彩的设置并没有限制，可按个人喜好来进行，也可按照这张画主要色调来设置前景色（图4-3）。快速勾勒画面的线条关系，画面各个部分有基本的定位，注意构图（图4-4）。

图4-1

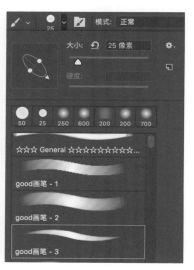

图4-2

图4-3

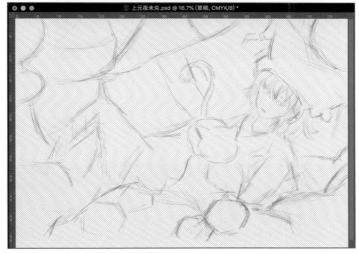

图4-4

②为线稿铺上整体色调。因为画的是上元节夜晚的夜景，背景中有不少的红色灯笼，所以整体呈现的是暖色调。这里主要用到了"good画笔-1"和"good画笔-2"（图4-5），并且结合了"圆形混合器笔（混）"和"方形混合器笔（混）"（图4-6），混合器画笔的使用可以让紧邻的不同色调更自然地融合起来。注意这时候要选择【工具箱】|【画笔工具】下方的【混合器画笔工具】（图4-7）。

图4-5

图4-6

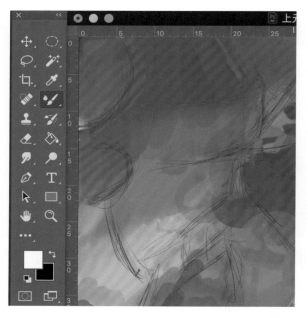

图4-7

③快速将整张画的色调铺开，这个阶段要注重快速，因为大的色调关系需要一蹴而就，画笔笔刷的选择在前五支基本的笔刷中选择即可，整体效果见图4-8。

图4-8

④在背景色彩中，为了相邻近的色彩衔接得更自然，通常使用【混合器画笔工具】，并且按住【Alt】键与笔刷反复切换，随时吸取周围的颜色，以达到色调统一的目的（图4-9、图4-10）。

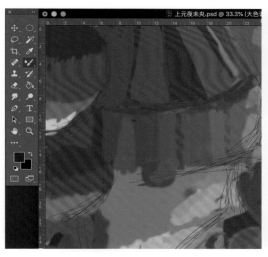

图4-9　　　　　　　　　　　　　　　　　　　　　　图4-10

⑤人物是画面中的主角，需要重点刻画，在肤色的设置上，注意人物的肤色受到环境光源色的影响，会更加偏暖色调，为画笔设置前景色"R：203，G：116，B：102"（图4-11），画出人物面部背光的地方（图4-12）。

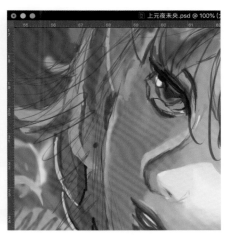

图4-11　　　　　　　　　　　　　　　　　　　　　　图4-12

⑥控制好人物脸部的主要色调。光源照射的方向，高光强烈，因此产生明显的暗面、明暗交界线、反光等，高光位置用较亮的黄色来表现（图4-13）。局部地方使用【涂抹工具】（图4-14），效果见图4-15。

⑦用相同的方法将女孩的头发、帽子等画出来。画的过程中，注意变换笔刷的大小，可以在画笔大小选项中设置数值来改变（图4-16），最好的方法是使用快捷键中括号来调整，方便又快速，效果见图4-17、图4-18。

⑧选择【画笔工具】笔刷"good画笔-8"（图4-19），设置前景色参数（图4-20）。画出猫咪的色调，这里的色调与人物的肤色有所区别，稍微偏冷色一点，反复刻画，整体效果见图4-21。

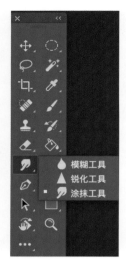

图4-13 　　　　　　　　　　图4-14

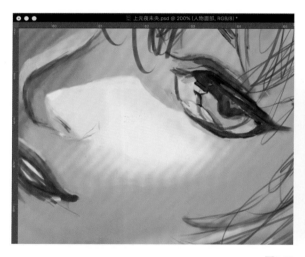

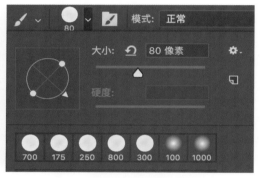

图4-15 　　　　　　　　　　图4-16

图4-17 　　　　　　　　　　图4-18

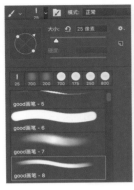

图4-19

图4-20

图4-21

⑨猫的毛发刻画可以结合【涂抹工具】里面的"快速涂抹笔（涂30-80）""粗糙涂抹笔（涂30-99）"等工具来反复修改，直到画出毛发质感。需要注意的是，每一支涂抹工具的笔刷如在其后面的括号里有数字等参数，这表示它的属性设置必须在这个数值范围之内才能发挥作用（图4-22、图4-23）。

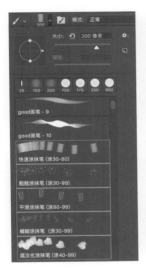

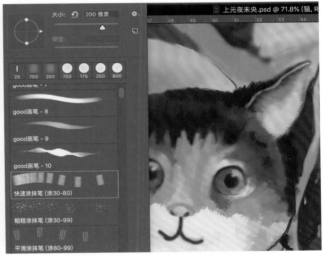

图4-22

图4-23

⑩用相同的方法将前景的绣球花画出来，绣球花的花朵、花瓣、叶子多而复杂，可以采用复制的方法，改变花朵、花瓣、叶子的位置和方向，即可较快地完成这些看似复杂的对象，同样需要注意统一光源的位置（图4-24、图4-25）。

⑪灯笼的绘制要注意球体的体积感（图4-26），在前面的灯笼上画出细节，形成虚实的关系，设置灯笼的色彩参数（图4-27），远处的灯笼稍做点缀即可，无须过多刻画（图4-28）。

图4-24

图4-25

图4-26

图4-27

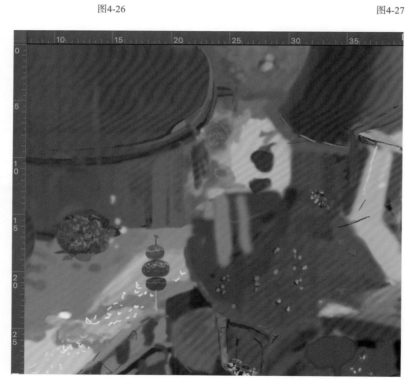

图4-28

⑫屋顶的部分，刻画出瓦片的结构，留意光源方向、明暗交界线的位置，并注意画出暗面、反光等。在冷色的屋顶中需要加入暖色的光源色和环境色，这样可以使整个画面协调统一（图4-29、图4-30）。在绘画过程中始终贯彻"整体—局部—整体"的观念，反复调整画面的整体效果（图4-31）。

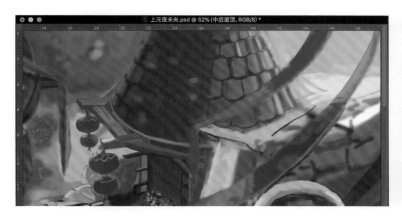
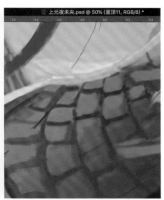

图4-29　　　　　　　　　　　　　　　　　　　　　　　　　　　　　　图4-30

图4-31

⑬进一步刻画人物的脸部、头发、发带、衣服等。五官的刻画重点在于眼睛的表现，注意瞳孔的色彩、高光，但是不要画得太死板（图4-32、图4-33）。

⑭远处的房屋同样需要添加一些细节，但是色调要压得暗一些，这样画面既丰富又主次分明（图4-34）。木板和树干的部分要注意色彩、结构纹路的表现，用较细的笔触来表现高光（图4-35）。

⑮最后反复调整画面的各个部分，补充更多的细节，始终要注意整体关系，得到最终效果（图4-36）。

图4-32

图4-33

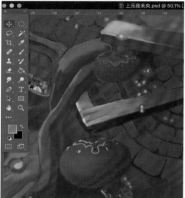

图4-34

图4-35

图4-36

2.阳光少女——动漫人物绘制

①新建文件命名为"阳光美少女"，大小为2530像素×1510像素，分辨率为72dpi（图4-37）。

②打开画稿素材"阳光美少女线稿"，通过【图像】|【调整】|【亮度对比度】把画稿的线条加深，白色提亮，增加对比度。然后使用【工具箱】|【魔术棒】为线稿褪去白色背景（图4-38）。

图4-37　　　　　　　　　　　　　　　　　　　　　　　　　　　图4-38

③打开画稿素材"室内背景"，方法同第二步，把画稿的线条加深，白色提亮，增加对比度。这张素材设为背景，无须褪去白色底图（图4-39）。

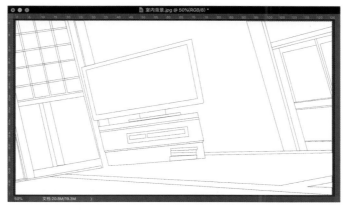

图4-39

④将两张素材线描稿拖拽到新建的文件"阳光美少女"中，使用快捷键【Ctrl/Command+T】，并按住【Shift】键等比例缩放素材的大小，并且移动到合适的位置（图4-40）。

⑤将"室内背景"素材暂时隐藏起来，使用快捷键【Ctrl/Command+L】，调整"阳光美少女"线稿的色阶（图4-41）。使用【工具箱】|【魔术棒】选中线条，彻底褪去白色部分，只留下线条部分（图4-42）。复制线稿图层命名为"美少女线稿"作为备份（图4-43）。

图4-40

图4-41

图4-42

图4-43

⑥新建一个图层命名为"头发"（注意每新建一个图层都是为了绘制过程中的修改和调整），用【工具箱】|【钢笔工具】勾勒出少女的头发轮廓（图4-44）。将前景色设为栗色，设置色彩参数见图4-45。用【油漆桶工具】填充或者画笔涂抹的方法，绘制出人物头发的主色调，效果见图4-46。

图4-44

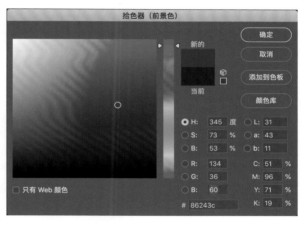

图4-45

图4-46

⑦将"头发"图层设置为【图层混合模式】|【正片叠底】，效果见图4-47。选择菜单【图像】|【调整】|【色相/饱和度】，或者使用快捷键【Ctrl/Command+U】，调整色相（图4-48）。

图4-47

图4-48

⑧复制"头发"图层为"头发副本"，隐藏其他所有图层，操作快捷键【Ctrl/Command+Alt+Shift+E】，盖印可见图层，并设置该层的【图层混合模式】|【强光】（图4-49）。

图4-49

⑨用【工具箱】|【魔术棒工具】选择发带相应区域，使用【油漆桶工具】或者【画笔工具】为发带填充颜色（图4-50）。设置色彩参数见图4-51。

⑩新建图层"皮肤"，用【工具箱】|【魔术棒工具】选择皮肤相应区域，使用【油漆桶工具】或者【画笔工具】为皮肤填充颜色（图4-52）。设置色彩参数见图4-53。

⑪再次复制"头发副本"图层（图4-54），命名为"头发亮面"，执行菜单【滤镜】|【模糊】|【高斯模糊】，调整该层的不透明度为50%（图4-55）。

图4-50　　　　　　　　　　　　　　　　　图4-51

图4-52　　　　　　　　　　　　　　　　　图4-53

图4-54　　　　　　　　　　　　　　　　　图4-55

⑫向左稍微移动图层"头发亮面"（图4-56）。再使用【工具箱】|【橡皮擦工具】，【橡皮擦工具】设定为柔角笔触，不透明度设为50%左右，依照头发线条，擦除部分图像，效果见图4-57。

⑬设置前景色色彩参数（图4-58）。选择【工具箱】|【画笔工具】，笔触设为柔角，透明度设为60%左右，进一步刻画头发亮面部分的颜色。新建图层"上衣"，设置前景色彩参数，为人物上衣着色（图4-59）。

⑭新建图层"头发暗面"，继续使用【工具箱】|【画笔工具】，绘制头发暗部，设置色彩参数（图4-60），效果见图4-61。

图4-56

图4-57

图4-58

图4-59

图4-60

图4-61

⑮同样新建图层"头发高光"，利用【工具箱】|【画笔工具】|【橡皮擦工具】相互配合，并且执行【模糊】|【高斯模糊】（图4-62）。最亮的高光使用【实心画笔工具】（图4-63），还需调整不透明度，头发效果见图4-64。

⑯使用【画笔工具】绘制人物眼睛部分，可使用【工具箱】|【油漆桶工具】填充眼睛区域，设置色彩参数（图4-65）。设置稍亮部色彩参数（图4-66）和【画笔工具】参数（图4-67），注意画笔工具要根据需要灵活调整笔触大小。初步效果见图4-68。

⑰按上一步的方法，将前景色设为白色，执行【画笔工具】并且调整画笔工具的透明度，画出眼睛的高光部分，效果见图4-69。

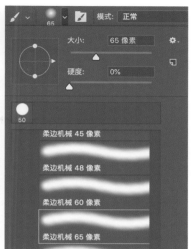

图4-62

图4-63

图4-64

图4-65

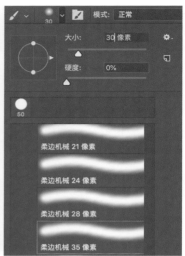

图4-66　　　　　　　　　　　图4-67

图4-68　　　　　　　　　　　图4-69

⑱继续前面的方法与步骤，绘制出人物脸部、皮肤的阴影，设置色彩参数见图4-70。脸蛋上的红晕、嘴唇的颜色等要配合调整不透明度，脸部红晕中的细小线条使用【工具箱】|【铅笔工具】绘制，并适当配合【橡皮擦工具】擦出自然过渡的效果（图4-71）。新建图层"裙子"填充色彩，制作效果见图4-72。

图4-70

图4-71 图4-72

⑲绘制人物上衣的阴影，设置色彩参数及效果见图4-73。

图4-73

⑳按上述方法画出裙子的高光、暗部和袜子的阴影等（图4-74、图4-75）。至此，人物的绘制基本完成。

图4-74 图4-75

㉑接下来开始绘制"室内背景"，方法与前面步骤相同。画出电视机，注意留出高光的位置，设置墙面的色彩参数见图4-76。将木纹门的色彩参数设为"C：45，M：67，Y：79，K：49"，或在这个参考数值之间调整，制作效果见图4-77。

图4-76　　　　　　　　　　　　　　　　　　　　　图4-77

　　㉒打开素材"地面纹理"，将图片置入"室内背景"图层的上一层。使用快捷键【Ctrl/Command+T】，在框中单击右键选择【自由变换】，调整图片的透视关系，为室内的地板贴上纹理（图4-78）。

　　㉓将发带和领结绘制出来。新建图层"窗户"继续绘制灰色窗户（图4-79），注意留出高光位置，玻璃窗蓝色反光色彩参数设为"C：42，M：0，Y：16，K：0"（图4-80）。

　　㉔打开素材"花朵背景"（图4-81），为图片褪去白色底。将其拖拽至"窗户"图层上一层，并且复制两个该图层，调整大小、方向，设置不透明度分别为20%、30%、40%，剪切出适合窗户下方两块白色区域的形状并拖拽至相应位置，效果见图4-82。

图4-78　　　　　　　　　　　　　　　　　　　　　图4-79

图4-80　　　　　　　　　　　　　　　　　　　　　图4-81

㉕新建图层"光晕",用【工具箱】|【椭圆选框工具】画出正圆形,填充黄色到白色的【径向渐变】(图4-83)。调整不透明度为20%左右,为"光晕"图层添加【图层样式】下的【外发光】命令(图4-84)。复制4~5个"光晕"图层,调整位置、大小(图4-85)。

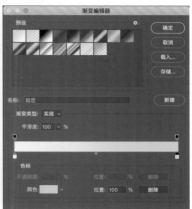

图4-82　　　　　　　　　　　　　　　　　　　　　　　　图4-83

图4-84

图4-85

㉖调整、绘制局部细节。设置发夹暗部的色彩参数（图4-86）。亮部色彩参数和效果见图4-87，同样要用白色透明画笔提取出高光。

㉗打开素材"挂历背景"，将其拖拽到"室内背景"图层上方，调整透视和位置大小（图4-88），为图层添加【图层样式】下的【投影】命令（图4-89）。最终效果见图4-90。

图4-86

图4-87

图4-88

图层样式

样式

混合选项

☐ 斜面和浮雕
　☐ 等高线
　☐ 纹理
☐ 描边　　　　　　⊞
☐ 内阴影　　　　　⊞
☐ 内发光
☐ 光泽
☐ 颜色叠加　　　　⊞
☐ 渐变叠加　　　　⊞
☐ 图案叠加
☐ 外发光
☑ 投影　　　　　　⊞

投影

结构

混合模式：　正片叠底　　▼　　■

不透明度：　　　　▲　　　63　　%

角度：　　　　-168　　度　☑ 使用全局光

距离：　▲　　　　　　8　　像素
扩展：　▲　　　　　　8　　%
大小：　▲　　　　　　27　　像素

品质

等高线：　◣　▼　☐ 消除锯齿

杂色：　▲　　　　　　　0　　%

☑ 图层挖空投影

设置为默认值　　复位为默认值

确定

取消

新建样式...

☑ 预览

fx.　⬆　⬇　　　🗑

图4-89

图4-90

3.机械战车——再现光影质感

①新建文件命名为"机械战车"，尺寸为146mm×62mm，分辨率为300dpi（图4-91）。新建一个图层"机械战车草稿"，用【画笔工具】实心笔刷勾勒草图，笔刷的透明度不低于60%（图4-92）。勾线不能过于随意，要分清主次结构线，并且清晰明了。如果想画出精细的草图效果，直线部分可以用【直线工具】进行勾勒（图4-93）。

图4-91

图4-92

图4-93

②新建一个图层，命名为"线稿"，使用【画笔工具】和【钢笔工具】勾勒线稿，用【橡皮擦工具】擦除多余线条（图4-94、图4-95），以加强线稿的骨骼线精细程度，注意直线要用【钢笔工具】进行勾勒，效果见图4-96。

图4-94　　　　　　　　图4-95

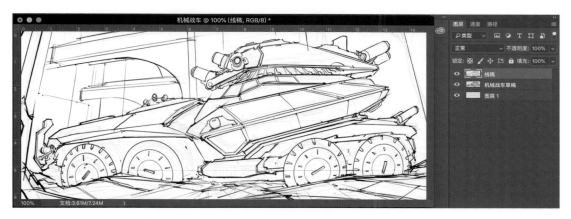

图4-96

③勾线稿和草图要在两个不同的图层进行，以便于绘制错误的时候修改校正。然后使用【橡皮擦工具】选择虚边笔触，不透明度设为40%左右（图4-97）。修改细节部位，同时调整色阶（图4-98），使线条更清晰。效果见图4-99。

④执行【工具箱】|【椭圆工具】绘制轮胎，大弧度和小细节的部分使用【工具箱】|【钢笔工具】勾勒出来，剩下的大量直线部分是【工具箱】|【直线工具】来完成（规则图形使用工具箱里各种相对应的工具）（图4-100）。画完将草图部分隐藏起来，接着进行下一步的上色（图4-101）。

⑤把线稿复制一层备份，在最上面的图层进行上色，上色时把线稿复制并锁定以免破坏原有的线稿图形（图4-102）。然后执行【工具箱】|【画笔工具】铺上大的色调（图4-103）。

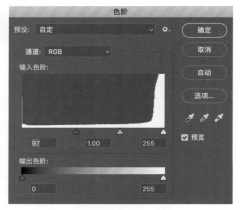

图4-97

图4-98

图4-99

图4-100

图4-101　　　　　　　　　　　　　　　　　图4-102

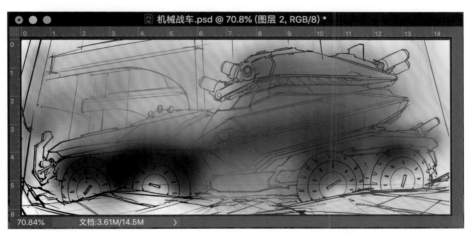

图4-103

⑥上主色调。执行【画笔工具】|【柔角笔刷】，不透明度在50%左右，柔角画笔工具在上色过渡时会比较自然（图4-104）。上色时注意明暗，着重绘制明暗交界线，反光也要稍做绘制，以体现物体的质感（图4-105）。

⑦继续使用【画笔工具】，加强图中的色彩明暗关系，在新建图层中进行色调的修改和调整，极为细节的部分可以多增加几个新建图层进行修改，以达到精益求精的效果。在整个明暗效果绘制完成后进行细节的刻画，这一步是为了让主体突出、分清主次，效果见图4-106。

图4-104

图4-105

图4-106

⑧新建图层"色彩"，继续完善色稿。进一步使用【画笔工具】，加深色彩关系，用画笔工具给图像亮部加上亮色，暗部加上阴影和暗色，并且绘制反光和投影。画笔工具可按自己的喜好进行调整，透明度不要过高，大约在60%（图4-107）。

⑨使用【画笔工具】|【实心画笔工具】改变透明度绘制亮色部分，暗部使用【画笔工具】|【虚边画笔工具】绘制，暗部厚重的颜色则使用【实心画笔工具】绘制。注意色彩连接处使用【虚边画笔工具】，以达到自然过渡的效果（图4-108）。

图4-107

图4-108

⑩用上面的方法继续深入，反复绘制和修改。一些过渡可使用【工具箱】|【涂抹工具】虚边笔触，不透明度在50%左右（图4-109）。注意素描、色彩的光影关系，厚重的金属质感部位使用【直线工具】绘制选区，并增加图层来反复调整，高光的绘制方式亦如是。最终效果见图4-110。

图4-109

图4-110

4.梦幻城堡——童话手绘本

扫二维码，观看视频

第五课　UI图标设计

课时： 8课时

要点： 本课主要讲解如何使用Photoshop CC绘制线性图标、扁平化图标、拟物化图标和立体图标。要注意的是在绘制各种类型图标时，所使用的工具和方法会有所不同。通过本课的学习，希望学生能够更加熟练地掌握Photoshop的基本操作。

1.扁平化风格——指南针图标设计

①新建文件命名为"指南针"，大小为640像素×1136像素，颜色模式为RGB，分辨率为72dpi（图5-1）。

②创建背景。添加背景图层，将背景色设置为#006699，按【Alt+Delete】键快速填充背景图层（图5-2）。

图5-1　　　　　　　　　　　　　　　　　　　　　　　　　　　　　　　　　　图5-2

③绘制基本图形。使用【圆角矩形工具】绘制大小为374像素×374像素、圆角为60像素的矩形（图5-3）。此时，在图层堆栈中会出现一个新图层，将这个图层命名为"底盘"（图5-4）。

图5-3　　　　　　　　　　　　　　　　　　　图5-4

④添加渐变色。双击"底盘"图层弹出"图层样式"对话框，选择"渐变叠加"。双击渐变叠加选项卡中的渐变，更改渐变颜色。双击渐变颜色条，打开渐变编辑器，将左边的色标值设置为#28a1e3，右边的色标值设置为#45c3ec，点击确定，效果见图5-5。混合模式为正常，不透明度为100%，样式为线性，角度为90度，缩放为100%，参数设置见图5-6。

图5-5　　　　　　　　　　　　　　　　　　　图5-6

注意：一定要勾选仿色选项，仿色可以减弱由于渐变产生的色阶现象。

⑤绘制圆环。选择【椭圆工具】，在选项栏中将颜色设定为白色，即#ffffff，描边为无。按住【Shift】键绘制一个大小为246像素×246像素的正圆（图5-7），将这个图层命名为"大圆环"（图5-8）。

图5-7　　　　　　　　　　　　　　　　　　　图5-8

新建一个图层，使用【椭圆工具】按住【Shift】键绘制一个大小为200像素×200像素的正圆。将两个图层全部选中后，在选项栏的路径对齐方式中选择水平居中和垂直居中，使两个正圆可以上下、左右居中对齐（图5-9）。现在将两个图层进行合并，再次使用【路径选择工具】，将200像素×200像素的正圆选中，然后在选项栏中选择【减去顶层形状】（图5-10），这样就可以得到一个圆环（图5-11）。

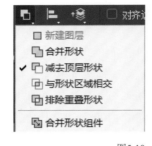

图5-9　　　　　　　　　　　图5-10　　　　　　　　　　　图5-11

切换成【移动工具】，按【Shift】键将圆环和底盘的圆角矩形两个图层同时选中，然后在选项栏的路径对齐方式中选择水平居中和垂直居中，使圆环和圆角矩形上下、左右居中对齐（图5-12），效果见图5-13。

图5-12　　　　　　　　　　　图5-13

注意：路径选择工具选择的圆不同，产生的效果也不同。想要得到圆环形状有三点需要注意，一是要保证绘制时要使用形状工具，二是绘制的第二圆形要比绘制的第一个圆形小，三是使用路径选择工具要选中最上面绘制的小圆。在同一个图层中绘制的形状，会根据绘制的前后顺序，排列形状的上下顺序。

⑥建立中心点。在绘制大三角之前，需要先建立中心点。建立中心点对后面的绘制起到了至关重要的作用。在后面的操作中，需要频繁地依托这个中心点进行绘制。使用标尺构建辅助线，按快捷键【Ctrl/Command+R】显示标尺，只有标尺出现后，才可使用辅助线。建立中心点有很多种方法：

方法一：在使用【移动工具】选中圆角矩形后，按快捷键【Ctrl/Command+T】使用【自由变换工具】，会看到圆角矩形的中心点，然后使用【移动工具】从标尺上拉出两条辅助线，将其拉到圆角矩形中心点的位置上。两条辅助线交叉点，就是整个图标的中心位置。即使点击【回车键】确定取消自由变换命令，辅助线也不会消失。

方法二：调整标尺的起始位置，使用【移动工具】从标尺的左上角的位置开始移动，按住鼠标进行拖动会出现十字线，将十字线移动到圆角矩形的左边和顶边的位置上，然后松手，这时就会看到标尺的起始点发生了改变。以圆角矩形的左上角为起始点，在起初创建圆角矩形时，圆角矩形的大小为374像素×374像素，因此它垂直的辅助线的位置应该为187像素，水平的辅助线的位置为187像素。通过新建参考线位置，建立中心点。在视图菜单中选择【新建参考线】，先选水平方向，187像素，点击确定，画面中就会出现一条水平参考线。重复上一步骤，在视图菜单中选择【新建参考线】，选择垂直方向，187像素，点击确定，画面中就会出现一条垂直参考线。两条参考线交汇的位置就是整个图标的中心点（图5-14）。

⑦绘制大三角形。在工具箱中选择【多边形工具】（图5-15），颜色设置为白色，将选项栏中的边数更改成3（图5-16），按住【Shift】键绘制出48像素×48像素的正三角形。如果得到的不是三角形形状，请检查是不是设置其他形状和路径选项中的星形选项被勾选了。使用【移动工具】将其移动到如图的位置上，由于之前所绘制的三角形是等边三角形，因此我们需要将三角形进行缩放成等腰三角形，使用自由变换工具【Ctrl/Command+T】，按【Alt】键以中心对称向内进行缩放，效果见图5-17。

图5-14　　　图5-15　　　　　　　图5-16　　　　　　　图5-17

注意：不要勾选设置其他形状和路径选项中的星形选项。

⑧复制三角形。以步骤⑦中的三角形为基本形状，复制出3个同样的三角形，分布在圆盘的四周。为了加快绘制进度，在此提供一个快速绘制的技巧。首先使用【移动工具】选中已经制作好的大三角形，按快捷键【Ctrl/Command+J】快速地复制出一个新大三角形图层。其次使用自由变换工具【Ctrl/Command+T】，更改变换的中心，将大三角形的变化中心点移动到之前建立的中心点的位置上，按住【Shift】键旋转90度，点击【回车键】确定。然后【Shift+Ctrl/Command+Alt+T】四键同时点击，会快速地生成一个新的再次旋转了90度的大三角形（图5-18）。最后按快捷键【Shift+Ctrl/Command+Alt+T】生成新的大三角形，得到四个大三角形。

⑨绘制小三角形。绘制小三角形和绘制大三角形的步骤是一样的，为了保持一致性，我们可以选择任意一个大三角形图层进行复制，拷贝出一个新的图层。然后使用【自由变换工具】，将变换的中心点移动到之前建立的中心点的位置上，按住【Shift】键进行旋转，旋转到45度的位置上，点击【回车键】进行确定。通过重复步骤⑧，可以快速地得到其他3个小三角形（图5-19）。

注意：在旋转时按住【Shift】键，旋转的角度是15度的倍数。

图5-18 　　　　　　　　　　　图5-19 　　　　　　　　　　　图5-20

⑩合并形状。将之前所绘制的圆环、4个大三角形和4个小三角形进行形状合并，使用【移动工具】，按住【Ctrl/Command】键将圆环、4个大三角形和4个小三角形共9个图层同时选中，然后按快捷键【Ctrl/Command+E】进行形状合并。此时9个图层会变成一个图层，并且依旧是形状图层。将这个新合并图层命名为"表盘底座"（图5-20）。

注意：【Ctrl/Command+E】是图层合并的快捷键。当图层是同属性时，合并后的图层依旧是同属性的图层，例如所有形状图层合并后依旧是形状图层。如果图层的属性不同时，在进行合并后图层会变成栅格化图层，例如形状图层和栅格化图层合并后，合并后的图层会变成栅格化图层。

⑪再次绘制圆环。重复上一步骤，绘制一个外环为223像素，内环为200像素的圆环，并将这个新图层命名为"小圆环"（图5-21）。使用【移动工具】将新的圆环图层、上一个圆环图层和圆角矩形上下左右居中，在选项栏中选择垂直居中对齐和水平居中对齐。或者使用另一个方法，复制上一个圆环，选中制作好的第一个圆环，即大圆环图层，按快捷键【Ctrl/Command+J】对其进行复制，拷贝出一个新的图层，将这个新图层命名为"小圆环"。然后使用【路径选择工具】，选中新图层中的最外圈的322像素×322像素的正圆形状。使用自由变换工具【Ctrl/Command+T】，按住【Shift+Alt】键将圆形进行等比例同心的缩放，将其缩放到223像素的大小（图5-22）。

图5-21 　　　　　　　　　　　图5-22

注意：【Ctrl/Command+T】是自由变换工具的快捷键，也是一个使用非常频繁的工具。按住【Shift】键时，会按照等比例进行缩放，同时按住【Alt】键会以默认的中心点进行等比例的同心缩放。

⑫圆环渐变色的叠加。给"小圆环"图层添加渐变色，双击"小圆环"图层，打开"图层样式"对话框，选择"渐变叠加"，混合模式为正常，不透明度为100%，注意此处一定要勾选仿色（图5-23）。更改渐变条中的渐变色，双击渐变条，将渐变条中左边色标值设置为#ececec，右边色标值设置为#ffffff，点击确认。样式设置为径向，为了使渐变效果更加突显，将与图层对齐和反向选项进行勾选，角度为90度，点击确定（图5-24）。

图5-23

图5-24

注意：#号一般后面会跟随六位数，这六位数代表着颜色通道的值。我们在拾色器中会看到每一个颜色都会有一个专门的#号值，这个值就是颜色对应的色值。

图层样式中的"与图层对齐"的选项，在进行颜色叠加和渐变叠加时会产生很大的不同。当"与图层对齐"的选项被勾选时，颜色或渐变会以该图层为画布基础进行叠加。当"与图层对齐"的选项没有被勾选时，颜色或渐变会以整个文档尺寸为基础进行叠加。

⑬绘制半三角形。此步骤是整个制作过程中最为烦琐的部分，需要反复操作。在此依旧提供两种绘制方法。在后面的步骤中，我们会给这些半三角形添加渐变色。绘制的新图形会与之前的三角形叠加，为了视觉上能够区分开，我们在绘制半三角形时，会将形状的色彩参数设置为# 959595深灰色（图5-25）。

图5-25

方法一：使用【路径选择工具】，选中"表盘底座"图层上的任意一个三角形，使用快捷键【Ctrl/Command+J】进行复制拷贝，此时会出现一个新的只有三角形的形状图层。将工具切换成【直接选择工具】，对新的三角形形状进行调整，点击三角形左边的控制点向右移动到辅助线的位置，点击右边的控制点将其移动到与大圆环交界点的位置上。

方法二：使用【多边形形状工具】，按住【Shift】键重新绘制小等边三角形。将其移动到与大三角形重复的位置上，使用【直接选择工具】对三角形的控制点进行调整，从而调整出适合的形状（图5-26）。

⑭添加其余八个半三角形。根据步骤⑧中所讲的【Shift+Ctrl/Command+Alt+T】快速旋转复制的技巧，可以很快地完成其余七个半三角形。但是此时会发现形状的中心点无法被移动，这是因为中心点移动会受到形状大小的限制，当形状过小时，中心点无法被移动。因此，我们需要重复步骤⑬的操作，添加其余七个半三角形。要注意的是，光的来源方向决定着半三角形的位置（图5-27）。

图5-26   图5-27

⑮给半三角形添加渐变。从最顶部的半三角开始添加渐变样式，双击半三角图层，打开"图层样式"对话框，选择"渐变叠加"，混合模式为正常，注意要勾选仿色，不透明度为100%（图5-28）。更改渐变条的颜色，双击渐变条，打开渐变编辑器，点击左边的色标，此时下面的颜色选项被激活，双击颜色将色标值设置为#e9e9e9，同理将右边的色标值设置为#ffffff，点击确定（图5-29）。样式使用线性样式，勾选与图层对齐，角度值为0度，点击确定，第一个半三角形的渐变添加已经完成了。我们可以通过复制的方式快速地将图层样式进行拷贝，按住【Alt】键，鼠标点击图层中已经添加好的图层样式"渐变叠加"进行拖动，并将其拖动到其他需要添加图层样式的图层上。通过上述操作，可以快速地给其他七个半三角图层添加渐变。但是要注意的是光线的来源，还需要对每个半三角形中渐变的角度值进行调整，以便于实现更好的光照效果（图5-30）。

图5-28   图5-29   图5-30

⑯添加表盘投影。到目前为止，指南针表盘的部分就全部完成了，现在需要做的就是给表盘添加投影，让其更加具有质感。将"表盘底座"图层、"小圆环"图层和之前所做所有的半三角图层全部选中，按快捷键【Ctrl/Command+G】编入同一个组中，并将这个组命名为"表盘"（图5-31）。双击"表盘"图层，可以快速打开"图层样式"对话框，添加"投影"。此时添加的投影作用于整个组，为了保留投影的效果，混合模式设置为正片叠底，颜色为黑色#000000，不透明度维持在默认的75%，角度为120度，要注意的是不要勾选使用全局光，距离为1像素，扩展为0%，大小为1像素（图5-32）。效果见图5-33。

图5-31　　　　　　　　　　　　　图5-32　　　　　　　　　　　　　图5-33

注意：在此案例中会多次使用投影图层样式。使用全局光选项指的是所有使用的投影都会以一个光源为基准，也就是说如果勾选了全局光选项后，当在此添加投影图层样式时，更改角度后，原有投影图层样式的角度也会发生改变，所以此选项慎选。

⑰绘制指针。使用【多边形工具】绘制指针。指针是由2个三角形组合而成，先绘制出一个大小为37像素×158像素大小的等腰三角形，颜色设置为#e46868（图5-34）。使用【移动工具】将其移动到垂直辅助线的位置上，底部与水平辅助线持平。然后按快捷键【Ctrl/Command+J】将此三角形进行复制，拷贝出一个新的三角形，并且将此三角形的颜色更改为#ffffff。使用【自由变换工具】，将三角形的中心点移动到辅助线交叉的中心点位置上，点击右键选择垂直翻转，得到指针的完整图形。使用步骤⑬中的方法绘制指针中的半三角以塑造出立体感。制作效果见图5-35。

图5-34　　　　　　　　　　　　　　　　　　　　图5-35

⑱指针渐变色的叠加。给指针的半三角添加渐变，方法和步骤与⑮相同。双击指针中的半三角图层，添加渐变叠加图层样式，设置混合模式为正常，勾选仿色，不透明度为100%，样式为线性，勾选与图层对齐选项，角度设置为180度（图5-36）。双击渐变条设置渐变色，将渐变条的左边色标值设置为#e46868，并将位置设置为31%，右边的色标值设置为#aa4e4e，点击确定（图5-37）。再次给指针下面的半三角添加渐变，可以将上面的渐变进行复制，按住【Alt】键将渐变图层样式复制给指针下面半三角图层。只需要更改其中渐变条的色标值即可，左边的色标值为#ffffff，位置为31%，右边的色标值为#a5a5a5（图5-38、图5-39）。效果见图5-40。

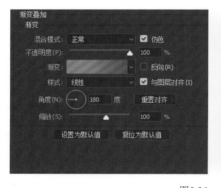

图5-36

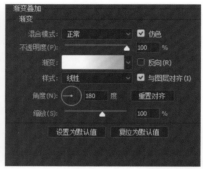

图5-38

图5-37

图5-39

图5-40

⑲添加指针中心点。使用【椭圆形状工具】，按住【Shift】键绘制一个大小为22像素×22像素、颜色为白色的正圆形。使用【移动工具】将其放置在中心点，双击图层添加投影图层样式，设置混合模式为正片叠底，颜色为黑色#000000，不透明度为75%，角度为120度，距离为1像素，扩展为0%，大小为3像素，不要勾选使用全局光，点击确定（图5-41）。效果见图5-42。

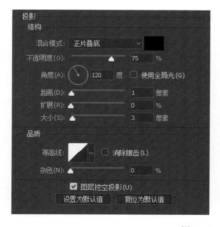

图5-41

图5-42

⑳添加指针投影。将关于指针部分的所有图层编入同一个组中，并将这个组命名为"指针"（图5-43）。使用【自由变换工具】，将整个指针文件夹进行旋转，按住【Shift】键旋转45度。双击指针文件夹，添加"投影"。设置混合模式为正片叠底，颜色为黑色#000000，不透明度为50%，角度为120度，不要勾选使用全局光，距离为5像素，扩展为0%，大小为10像素，点击确定（图5-44）。制作效果见图5-45。

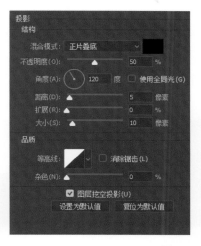

图5-43　　　　　　　　　　　　　　图5-44　　　　　　　　　　　　图5-45

㉑表盘的长阴影。使用【矩形形状工具】，绘制出一个大小为374像素×246像素的矩形，将颜色设置为#1c6b97。使用【自由变换工具】，将其旋转45度。双击图层名称，将其名称更改为"表盘长阴影"。在图层堆栈上调整图层顺序，将此图层放置在"表盘"和"指针"两个文件夹中间，并且在图层面板上将混合模式更改为正片叠底，不透明度为22%（图5-46）。添加蒙版使投影只显示出圆角矩形上的部分，选中"表盘长阴影"图层，按住【Ctrl/Command】键点击圆角矩形图层，建立圆角矩形选区，然后点击【添加图层蒙版】按钮，给"表盘长阴影"图层添加蒙版。制作效果见图5-47。

图5-46　　　　　　　　　　　　　　　　图5-47

㉒指针的长阴影。操作方法与步骤㉑相同，使用【矩形形状工具】，绘制出一个大小为507像素×310像素的矩形，将颜色设置为#1c6b97，使用【自由变换工具】，将其旋转45度。双击图层名称，将其名称更改为"指针长阴影"。在图层堆栈上调整图层顺序，将此图层放置在"表盘长阴影"图层的下方，并且在图层面板上将混合模式更改为正片叠底，不透明度为31%（图5-48）。添加蒙版使投影只显示出圆角矩形上的部分，选中"指针长阴影"图层，按住【Ctrl/Command】键点击圆角矩形图层，建立圆角矩形选区，然后点击【添加图层蒙版】按钮，给"表盘长阴影"图层添加蒙版。效果见图5-49。

㉓图标的投影。选中"底盘"图层，添加投影图层样式，设置混合模式为正片叠底，颜色为黑色#000000，不透明度为50%，角度为90度，不要勾选使用全局光，距离为11像素，扩展为0%，大小为29像素，点击确定（图5-50）。制作效果见图5-51。

图5-48

图5-49

图5-50

图5-51

㉔图标的长阴影。和上述长阴影的绘制方法相同，使用【矩形形状工具】，绘制出一个大小为645像素×480像素的矩形，将颜色设置为#1c6b97，使用【自由变换工具】，将其旋转45度，得到效果（图5-52）。双击图层名称，将其名称更改为"图标长阴影"。调整图层堆栈上的图层顺序，将此图层放置在"底盘"图层的下方，并且在图层面板上将混合模式更改为正片叠底，不透明度为

30%（图5-53）。为了使阴影的效果更加自然，点击【添加图层蒙版】图标，添加白色蒙版。然后切换到【渐变工具】，渐变类型选择黑色到透明，线性渐变，模式为正常，不透明度为100%，在渐变时一定要勾选仿色以消除色阶，勾选透明区域选项（图5-54）。使用【渐变工具】从右下角向左上角拉动，在图标阴影的蒙版上绘制渐变效果，使长阴影效果看起来更加自然。最终效果见图5-55。

图5-52

图5-53

图5-54

图5-55

2.创建简约风格——信封图标设计

①新建文件，大小为520像素×520像素，分辨率为72dpi，颜色模式为RGB（图5-56）。

②设置前景色为深红色，RGB的数值分别为"R：74，G：46，B：46"。确定前景色后按住【Alt+Delete】键为背景填充颜色（图5-57）。

③选择【矩形工具】，在画面中绘制一个白色矩形（图5-58）。

④为矩形应用渐变。双击矩形图层，弹出"图层样式"对话框，选择"渐变叠加"，设置具体参数（图5-59）。渐变条编辑参数见图5-60。

⑤绘制信封"元素1"。首先我们调出【标尺工具】，执行【视图】|【标尺】命令，确定所绘图形的位置（图5-61）。

图5-56

图5-57

图5-58

图5-59

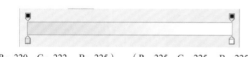

（R：220，G：222，B：225）　（R：225，G：225，B：225）

图5-60

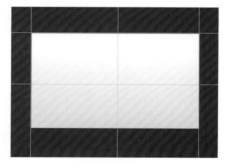

图5-61

选择【钢笔工具】沿标尺绘制形状，得到形状1图层，将图层命名为"元素1"（图5-62）。

在中心标尺两侧分别拖出两根标尺，选择【转换点工具】调节节点，最后选择【钢笔工具】添加两个节点，调整后效果见图5-63。

⑥为"元素1"图层应用图层样式。双击"元素1"图层，弹出"图层样式"对话框，选择"渐变叠加"，设置同上（图5-64）。

继续添加"内阴影"选项，效果见图5-65。

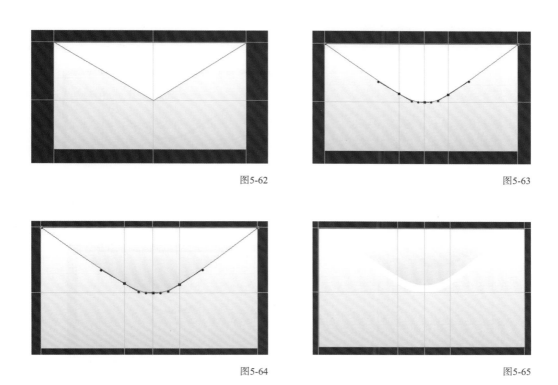

图5-62   图5-63

图5-64   图5-65

⑦为"元素1"图层添加阴影。首先复制"元素1"图层，将复制的图层命名为"阴影1"（图5-66），然后单击右键"阴影1"图层清除图层样式。

首先，将"阴影1"图层的图形颜色填充为黑色，按快捷键【Ctrl/Command+T】执行变换命令，按住【Ctrl/Command】键往下拖动图形的底边中心点（图5-67）。

其次，按住【Ctrl/Command】键将左上方与右上方的节点向中间方向拖动一点，设置好后确定（图5-68）。

最后，单击右键"阴影1"图层执行栅格化图层命令，然后执行【滤镜】|【高斯模糊】命令，模糊半径为2像素（图5-69）。为弱化阴影强烈的对比效果，将"阴影1"图层的图层不透明度调整为70%（图5-70）。

⑧绘制信封"元素2"。调出【标尺工具】，拖动标尺确定"元素2"的位置，选择【钢笔工具】在"阴影1"图层下方绘制"元素2"图形，图层命名为"元素2"（图5-71）。

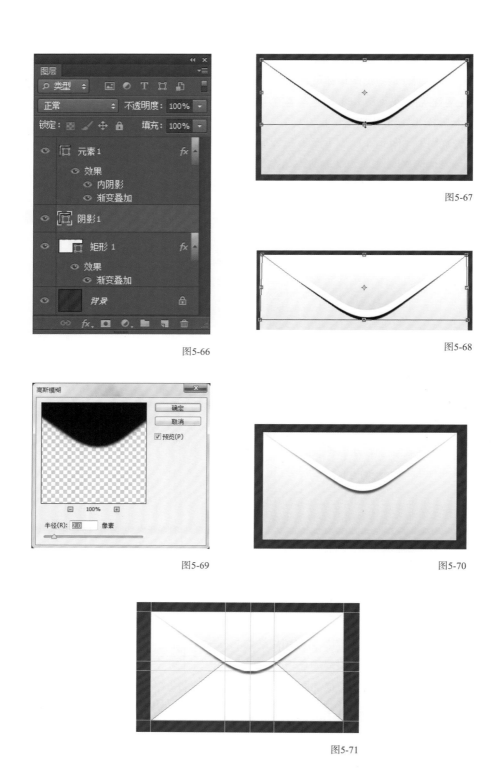

图5-66

图5-67

图5-68

图5-69

图5-70

图5-71

⑨为"元素2"图层应用图层样式。双击"元素2"图层，弹出"图层样式"对话框，选择"渐变叠加"，设置同上。继续选择"内阴影"选项，设置和效果见图5-72、图5-73。

图5-72 · 图5-73

⑩为"元素2"图层添加阴影。复制"元素2"图层命名为"阴影2",放置到"元素2"图层下方(图5-74),单击右键"阴影2"图层执行清除图层样式。

将"阴影2"图层填充黑色,并单击右键执行栅格化图层命令。按住快捷键【Ctrl/Command+T】执行变换命令,拖动上边中心节点向上(图5-75)。最后,执行【滤镜】|【高斯模糊】命令,模糊半径为2像素,调整"阴影2"图层的不透明度为35%,效果见图5-76。

⑪绘制信封左边条图形。下面我们绘制信封边缘蓝红相间的装饰条。选择【矩形工具】在信封左侧边缘绘制红色矩形,颜色数值为"R:230,G:70,B:70"。复制红色矩形,放置其下方填充蓝色,颜色数值为"R:100,G:145,B:190",并将红色矩形与蓝色矩形依次向下复制两组(图5-77)。

图5-74

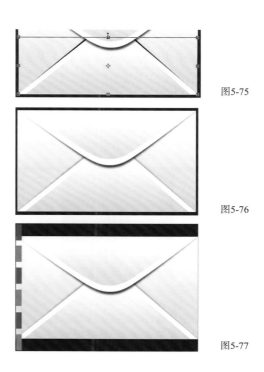

图5-75

图5-76

图5-77

将这红蓝6个形状图层全部选中，按住快捷键【Ctrl/Command+G】新建组得到"组1"图层，复制"组1"图层得到"组1"副本图层，命名为"左边条"，隐藏"组1"图层（图5-78）。

选中"左边条"图层按【Ctrl/Command+T】调出变换命令，按住【Ctrl/Command+Shift】键分别向下调整图形的右上节点与右下节点，调整好后将"左边条"图层放置到"矩形1"图层的上方（图5-79）。

图5-78　　　　　　　　　　　　　　　　　　　　　图5-79

⑫为"左边条"图层去除多余边条。首先添加"左边条"图层蒙版，然后选择【矩形选框工具】分别框选多出的上、下边条并填充黑色（图5-80）。

⑬为"左边条"图层添加阴影效果。在"左边条"图层上方新建图层命名为"左阴影"，选择【矩形选框工具】框选出左边条的范围大小（图5-81）。

图5-80　　　　　　　　　　　　　　　　　　　　　图5-81

选择【渐变工具】，将渐变设置为黑色到透明的渐变（图5-82）。渐变类型是线性渐变，确认后在选框内水平横向拖动渐变工具，将"左阴影"图层的不透明度设置为30%（图5-83），确认后按快捷键【Ctrl/Command+D】取消选区。

图5-82　　　　　　　　　　　　　　　　　　　图5-83

⑭绘制信封下边条图形。复制"组1"图层并命名为"下边条"，显示"下边条"图层（图5-84）。按【Ctrl/Command+T】键逆时针旋转下边条90度，将其放至信封的底端，按住【Ctrl/Command+Shift】键向左拖动左上节点与右上节点，调整好后单击【回车键】确定（图5-85）。

⑮为"下边条"图层添加阴影。在"下边条"图层上方新建一个图层命名为"下阴影"，选择【矩形选框工具】框选出下边条区域（图5-86）。选择【多边形套索工具】，在选项栏选择从选区区域减去按钮（图5-87）。用【多边形套索工具】框选出目前选区左上角（图5-88）。依照此方法将目前选区右上角同样框选出来，效果见图5-89。

图5-84　　　　　　　　　　　　　　　　　　　图5-85

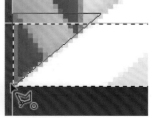

图5-86　　　　　　　　　图5-87　　　　　　　　　图5-88

选择【渐变工具】，设置渐变为黑到透明渐变（方法同上），渐变类型为线性渐变，在选区中从下到上拖动【渐变工具】，取消选区，将"下阴影"图层的不透明度设置为30%（图5-90）。

⑯为信封添加右边条图形。下面我们来创建右边条图形，按住【Shift】键同时选中"左边条"与"左阴影"图层并复制，将复制得到的两个图层分别命名为"右边条"与"右阴影"（图5-91）。

同时选中"右边条"与"右阴影"图层，执行【编辑】|【变换】|【水平翻转】命令，将图形放置到信封右边，按【回车键】确定，制作效果见图5-92。

⑰添加信封投影效果。在"矩形1"图层下方新建图层命名为"投影1"，选择【椭圆选框工具】在信封底部绘制稍扁的椭圆选区，并填充黑色（图5-93）。

取消选区，为"投影1"执行【滤镜】|【模糊】|【高斯模糊】命令，模糊半径为3像素（图5-94）。

⑱整体图标完成后，可以添加文字，完成设计制作。保存文件，最终效果见图5-95。

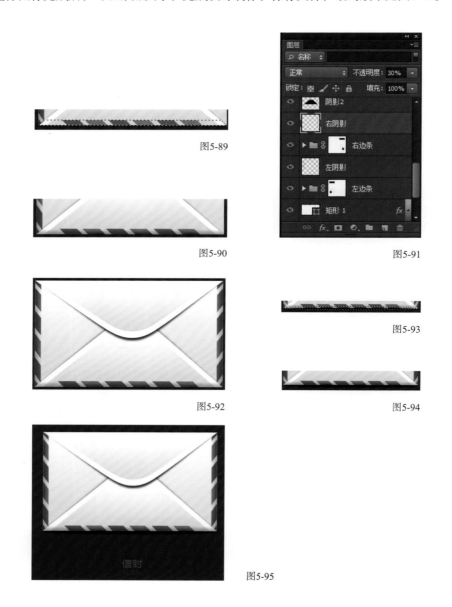

图5-89

图5-90

图5-91

图5-93

图5-92

图5-94

图5-95

3.塑造立体风格——记事本APP图标设计

①新建文件命名为"记事本"，大小为520像素×520像素，颜色模式为RGB，分辨率为72dpi（图5-96）。

②对背景应用渐变。首先在背景图层上方执行【创建新的填充或调整图层】中的"渐变"命令，得到"渐变填充图层1"，设置渐变填充的具体参数（图5-97）。渐变颜色的数值见图5-98。

③载入图案。下面我们为背景添加方格形状的图案，使背景更丰富。首先，新建大小为3像素×3像素的文件，放大到3200倍并填充黑色。然后在画面中创建大小为2像素×2像素的矩形选区，并填充白色（图5-99）。最后，取消选区并执行【编辑】|【定义图案】命令，设置图案的名称为"方格"后确定。回到"记事本"文件，双击"渐变填充图层1"弹出"图层样式"对话框，选择"图案叠加"选项添加定义的方格图案，设置具体参数（图5-100）。

背景效果以及100%状态下的细节见图5-101。

图5-96

图5-97

（R：70，G：38，B：19）（R：139，G：112，B：92）

图5-98

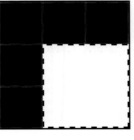

图5-99

图5-100

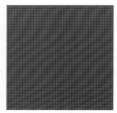

（100%状态下的细节）

图5-101

④为背景添加光效。首先为背景增加光感，使背景更形象生动。在图层上方新建图层命名为"light"，选择【椭圆选框工具】在画面中绘制一个正圆选框（图5-102）。然后选择【渐变工具】，渐变颜色为白色到透明渐变，渐变类型为径向渐变，在圆形选框中心向下拖动【渐变工具】（图5-103）。

取消选区，将"light"图层的图层模式设置为叠加，图层不透明度调整为50%，效果见图5-104。

⑤绘制图标底座顶部。在画面中心位置绘制圆角为35像素的圆角正方形，将此图层命名为"圆角矩形1"。双击"圆角矩形1"图层弹出"图层样式"对话框，选择"渐变叠加"选项，具体参数设置见图5-105。渐变颜色数值参数设置见图5-106。

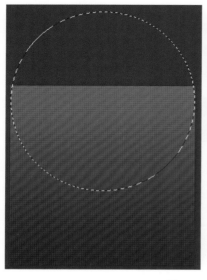

图5-102

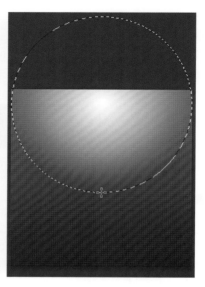

图5-103

图5-104　　　　　　　　　　　　　　　　　　　图5-105

添加"内阴影"选项，具体设置见图5-107。

继续添加"内发光"选项，具体设置见图5-108。

（R：105，G：53，B：25）　（R：175，G：99，B：43）

图5-106

⑥制作木材质。在"圆角矩形1"图层上方新建图层命名为"木材质1"，选择【矩形选框工具】绘制一个正方形选框，填充黑色，取消选区，得到效果（图5-109）。

执行【滤镜】｜【杂色】｜【添加杂色】，具体设置见图5-110。

执行【滤镜】｜【模糊】｜【动感模糊】，具体设置见图5-111。

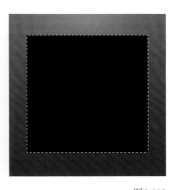

图5-107　　　　　　　　　　图5-108　　　　　　　　　　图5-109

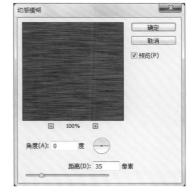

图5-110　　　　　　　　　　　　　　图5-111

为了调出木纹颜色，继续执行【图像】|【调整】|【色彩平衡】，设置具体参数（图5-112）。

进一步加强对比度，执行【图像】|【调整】|【色阶】命令，其设置和效果见图5-113、图5-114。

最后去除圆角矩形以外多余纹理。按【Ctrl/Command】键单击"圆角矩形1"图层缩略图将圆角矩形载入选区，选择"木材质1"图层按【Ctrl/Command+Shift+I】键反选，再按【Delete】键删除多余纹理，取消选区，效果见图5-115。

⑦制作凹槽描边。选择【圆角矩形工具】，绘制一个圆角为33像素的正圆角矩形，得到"圆角矩形2"图层，双击"圆角矩形2"图层弹出"图层样式"对话框，选择"混合选项"将高级混合中的填充不透明度调整为0（图5-116）。选择"描边"选项，设置具体参数见图5-117。

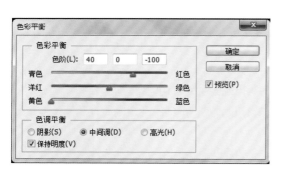

图5-112　　　　　　　　　　　　　　　　　　图5-113

图5-114

图5-115

图5-116

图5-117

⑧制作凹槽真实效果。复制"圆角矩形2"图层，对得到的图层单击右键执行"清除图层样式"命令，然后双击应用图层样式，同⑦步骤中的设置混合选项的操作相同，选择"混合选项"，将高级混合中的填充不透明度设置为0。之后选择"内阴影"选项，具体设置见图5-118。

为了体现凹槽的边缘，选择"外发光"选项，具体设置见图5-119。

为了加深凹槽的阴影部分，选择"内发光"选项，具体设置见图5-120。

为了加深凹槽内阴影的层次感，选择"描边"选项，具体设置见图5-121。

添加凹槽的高光，选择"投影"选项，具体设置和效果见图5-122、图5-123。

图5-118

图5-119

图5-120

图5-121

图5-122

图5-123

⑨增加立体感，制作图标的底部。复制"圆角矩形1"图层命名为"bottom"，将"bottom"图层放至"圆角矩形1"图层的下方，并清除图层样式。然后双击"bottom"图层弹出"图层样式"对话框，选择"颜色叠加"选项，具体设置见图5-124。

选择"渐变叠加"选项，具体设置见图5-125。

设置渐变颜色数值，见图5-126。

a（R：109，G：47，B：11）

b（R：250，G：131，B：28）

c（R：142，G：62，B：16）

d（R：109，G：47，B：11）

e（R：142，G：62，B：16）

f（R：250，G：131，B：28）

g（R：109，G：47，B：11）

选择"内阴影"选项，具体设置见图5-127。

选择"投影"选项，具体设置见图5-128。

最后，复制"木材质1"图层命名为"木材质2"，放至"bottom"图层上方，其设置和效果见图5-129、图5-130。

图5-124

图5-125

图5-126

图5-127

图5-128

图5-129　　　　　　　　　　　　　　　图5-130

⑩制作笔记本内页。下面我们回到图层最上方，选择【圆角矩形工具】在凹槽内绘制圆角半径为33像素的正圆角矩形，命名为"内页1"，颜色数值为"R：233，G：233，B：233"，制作效果见图5-131。

复制"内页1"图层，得到"内页1"副本图层，按快捷键【Ctrl/Command+T】调出变换命令，向上缩小图形的高度并应用图层样式，选择"投影"选项，具体设置和效果见图5-132、图5-133。

重复上述步骤，复制两遍"内页1"副本图层，调整这两个图层的高度，效果见图5-134。

图5-131　　　　　　　　　　　　　　　图5-132

图5-133　　　　　　　　　　　　　　　图5-134

⑪制作翻页效果。首先选择【钢笔工具】绘制内页右下角页角的翻页图形，命名为"翻页"（图5-135）。

接着对图层应用图层样式命令，选择"外发光"选项，具体设置见图5-136。

在翻页图层下方新建名为"翻页投影"的图层，选择【钢笔工具】抠出翻页投影选区（图5-137）。

选择【渐变工具】，设置为黑白渐变，渐变类型为线性渐变，在选区左上角向右下角拖动【渐变工具】，最后将翻页阴影图层模式设置为正片叠底，不透明度为67%，效果见图5-138。

为了加强投影的对比效果再新建图层进行润色，选择【画笔工具】，颜色为黑色，画笔硬度为0，调整适合的大小，在新图层中翻页与投影的交界区域进行绘制，并适当调整图层不透明度，效果见图5-139。

最后制作翻页的阴影效果，使翻页的效果更真实。在"翻页"图层上方新建"翻页阴影"图层，选择【画笔工具】，调整适当大小，颜色为灰色，画笔硬度为0，在翻页的右下部区域进行润色，加强立体感（图5-140）。润色时可以多建几个图层来加强层次感，并结合图层不透明度来控制颜色的对比。

图5-135

图5-136

图5-137

图5-138

图5-139

图5-140

⑫制作封面质感效果。制作笔记本封面磨砂的效果，复制"内页1"图层命名为"质感"，将其放至图层最上方，首先清除图层样式，然后应用【滤镜】|【杂色】|【添加杂色】，具体设置见图5-141。最后将图层不透明度设置为5%，效果见图5-142。

⑬制作封面磨损发白的效果。新建图层命名为"磨损"，选择【画笔工具】，适当调整大小，颜色白色，画笔硬度为0，在封面范围内涂抹，然后执行【滤镜】|【模糊】|【高斯模糊】命令，模糊半径为2像素，图层不透明度为60%，制作效果见图5-143。

图5-141 图5-142 图5-143

⑭制作封面装饰图形。制作封面的左边条。选择【圆角矩形工具】，绘制圆角半径为33像素的正圆角矩形，颜色数值为"R：191，G：70，B：41"，结合【钢笔工具】对节点进行调节，制作效果见图5-144。

制作封面装饰条。新建图层命名为"横条"，选择【铅笔工具】，颜色为白色，在封面左边红色区域绘制白色横条，再将颜色调整为蓝色，在封面右边白色区域绘制蓝条，制作效果见图5-145。

⑮制作封面图标的阴影。接下来绘制整个图标的阴影。在"light"图层上方，选择【圆角矩形工具】绘制一个圆角半径为33像素，颜色为黑色的圆角矩形（图5-146）。

然后执行【滤镜】|【模糊】|【高斯模糊】命令，模糊半径为6像素，调整图层不透明度为20%，制作效果见图5-147。

⑯制作封面图标倒影效果。复制"bottom"图层，得到"bottom"副本图层，将其移动到"bottom"图层下方（图5-148）。

然后执行【滤镜】|【模糊】|【高斯模糊】命令，模糊半径为10像素，调整图层不透明度为45%，效果见图5-149。

⑰保存文件，完成设计制作，整体效果见图5-150。

图5-144 图5-145

图5-146   图5-147

图5-148   图5-149   图5-150

4.矢量的线性图标——天气图标设计

扫二维码，观看视频

第六课　3D风暴

课时： 8课时

要点： 本课主要学习在Photoshop软件环境下建立3D模型并通过赋材质添加灯光、后期修改、调色等技巧处理制作出效果图的方法。通过四个案例的学习，将学到3D面板、材质、灯光的参数设置，以及从图形、路径、导入等方式建立模型并赋予贴图的流程知识。

1. 简约清新——手机包装盒设计

①用Photoshop CC新建一个文档。选择预设Web，大小为1600像素×1200像素，其余保持默认参数（图6-1）。

②导入一张素材图用作参照（图6-2）。新建一个空白图层，按快捷键【U】使用【矩形工具】绘制一个白色矩形。矩形长宽与素材图的长宽保持一致或成一定的比例（图6-3）。

③选择矩形图形，打开3D面板进行设置（图6-4）。也可通过菜单执行【3D】|【从所选图层新建3D凸出】命令，此时该图层被转化为三维图层（图6-5）。

图6-1

图6-2

图6-3　　　　　　　　　　　　　　　　　　　　图6-4

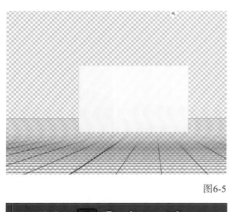

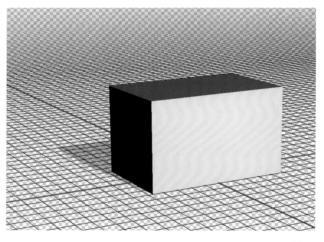

图6-5

图6-6　　　　　　　　　　　　　　　　　　　　图6-7

④单击3D图层，选择模型外面的【栅格场景】，在工具选项栏中使用【3D旋转】和【3D平移】工具将模型放置到合适的观察角度（图6-6），效果见图6-7。

⑤在视窗场景中用【移动工具】选择模型单击右键，在出现的面板中将凸出深度调到637（图6-8）。为了得到侧面凹陷的效果，需要再选择属性面板中如图所示的倒角盖子图标，调整宽度值为6%，角度为-60°，其他的设置只要保留默认就可以了（图6-9）。

⑥执行菜单【窗口】|【3D】命令打开3D面板。点击模型，在3D面板中分别选择前膨胀材质和凸出材质，双击打开属性面板（图6-10）。接着，点击漫射选项旁边的颜色框，将颜色设为白色（图6-11）。

⑦点击模型，在3D面板中选择凸出材质，双击打开属性面板。接着，点击漫射选项旁边小文件夹图标，选择移去纹理后再次单击这个小文件夹图标，从中选择载入纹理。打开一张图片，并将图像逆时针旋转90度。此时场景中的模型产生了拉伸的图案效果（图6-12、图6-13）。

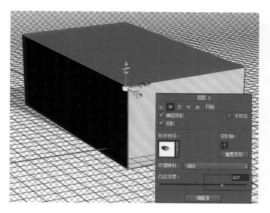
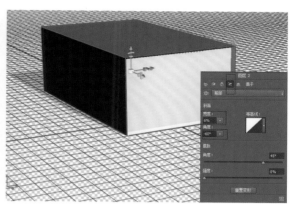

图6-8　　　　　　　　　　　　　　　　　　　　　　　　　　图6-9

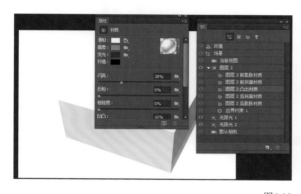
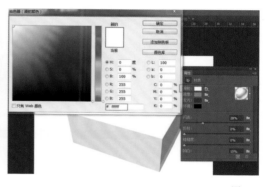

图6-10　　　　　　　　　　　　　　　　　　　　　　　　　　图6-11

图6-12　　　　　　　　　　　　　　　　　　　　　图6-13

　　⑧点击漫射选项旁边的小文件夹图标，选择编辑UV属性，在U比例、V比例和位移那一栏里填上数值（图6-14），纠正表面的平铺效果。

　　⑨在3D面板中使用【移动工具】选择灯光图标，在面板下方单击新建图标新建一盏灯，此时场景中有两盏灯，分别拖动灯光示意图标改变光影方向，使光源2作为主光源，光源1作为辅光（图6-15）。单击右键在属性面板中将灯光强度分别设置为76%和45%（图6-16、图6-17）。

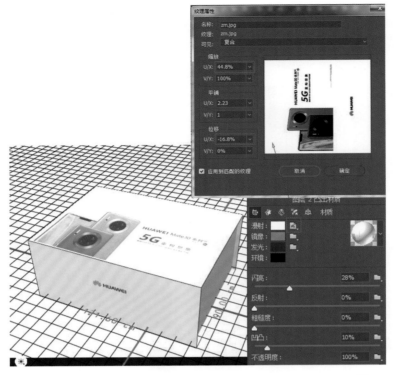

图6-14

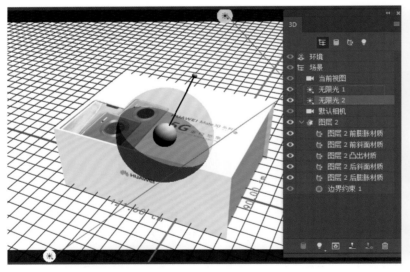

图6-15

图6-16

图6-17

⑩选择3D图层，按住【Ctrl/Command+J】复制一图层，再单击右键，栅格化转换为普通图层并将原3D图层隐藏。

⑪选择栅格化后的普通图层，单击图层面板下的【生成调整图层图标】，从中选择渐变填充，设置一种渐变放射效果（图6-18、图6-19）。

图6-18

图6-19

⑫选择栅格化后的普通图层，为其添加"投影"的图层样式，设置投影参数（图6-20）。

图6-20

⑬选择栅格化后的普通图层，右键单击投影图层样式，从快捷菜单中选择【创建图层】。将投影分离成独立层，然后单击【图层蒙版】图标添加一个图层蒙版，选中图层蒙版使用【加深工具】涂抹盒子边缘（图6-21至图6-23）。

⑭将盒子图层显示出来可再使用曲线色阶等命令调整明暗关系，选择调整图层放置到背景图层的上方，完成最终效果（图6-24）。

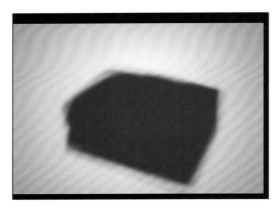

图6-21

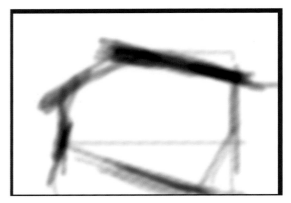

图6-22

图6-23

图6-24

2. 健康多滋味——牛奶瓶包装设计

①用Photoshop CC新建一个文档，选择预设Web，大小为1600像素×1200像素，取消画板勾选，其余保持默认参数，单击创建确认（图6-25）。

②选择【圆角矩形工具】，并在工具选项栏中设置倒角半径为40像素（图6-26）。在窗口中绘制两个圆角矩形路径，将其按图6-27所示位置放置。

③按住快捷键【A】使用【路径选择工具】将两个圆角矩形路径选择，并在工具选项栏中选择【合并形状】，单击合并形状组件使两个路径结合成一个整体（图6-28、图6-29）。

④按住快捷键【U】选择【椭圆工具】，按住【Shift】键在窗口中绘制一个正圆形路径，并将其按图6-30所示位置放置。

图6-25

图6-26

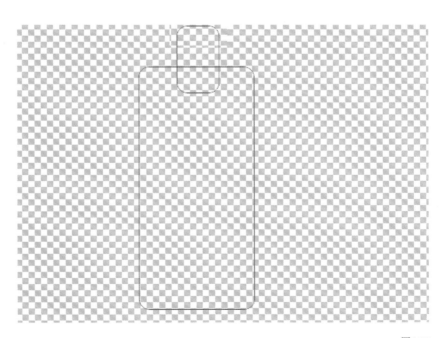

图6-27

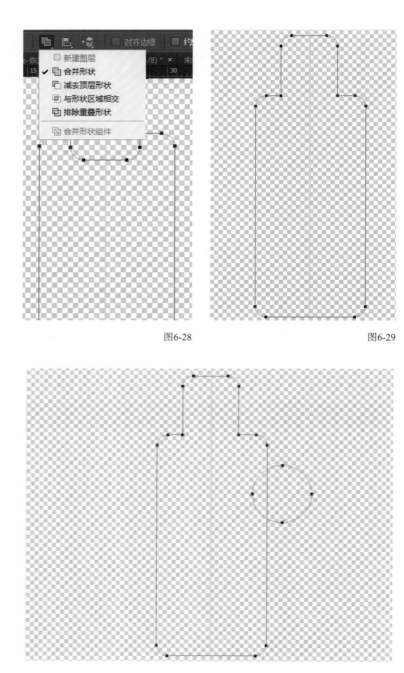

图6-28　　　　　　　　　　　　　　　　　　图6-29

图6-30

⑤按快捷键【A】使用【路径选择工具】将所有路径全部选择，并在工具选项栏中选择【减去顶层形状】，使两个路径结合成一个整体（图6-31、图6-32）。

⑥按快捷键【A】使用白色箭头的【路径选择工具】，将左半边路径全部选择，单击右键将这些点删除，并调整成半个瓶子的形状（图6-33至图6-35）。

⑦在图层面板中新建一个空白图层，回到路径面板，按快捷键【A】使用黑色箭头【路径选择工具】选择路径图形所在层，单击右键从快捷菜单中选择【将路径转换为凸出】命令。此时该空白

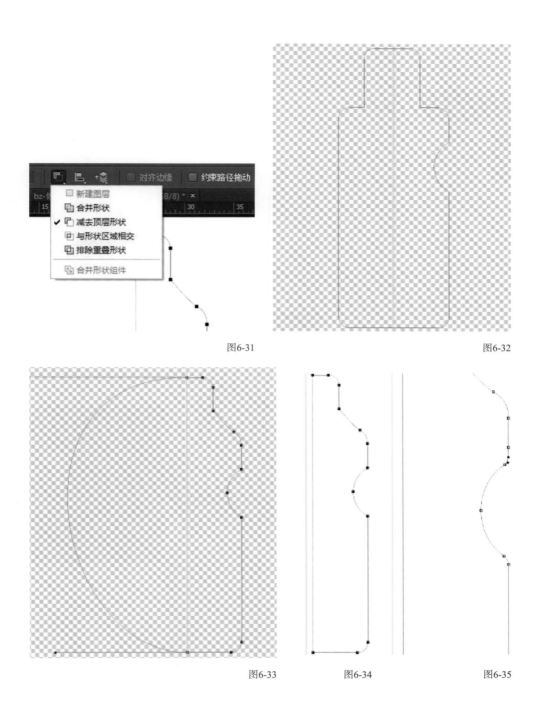

图6-31　　　　　　　　　　　　　　　　　　　　　　　　　　图6-32

图6-33　　　　　　　　图6-34　　　　　　　　图6-35

图层被转化为三维图层，路径沿轮廓发生了挤压立体效果。在视窗场景中用【移动工具】选择文字单击右键。在出现的面板中的形状预设列表下选择如图所示的圆柱形旋转形状图标，变形轴心点图标点击靠左居中，并将深度调到-7.09厘米。其他的设置只要保留默认即可（图6-36、图6-37）。

　　⑧执行菜单【窗口】|【3D】命令打开3D面板。选择【移动工具】，点击瓶子，在3D面板中选择【背景凸出材质】，双击打开属性面板。点击漫射选项旁边灰色颜色框，从弹出的拾色器窗口中为小瓶设置一种浅黄色（图6-38）。

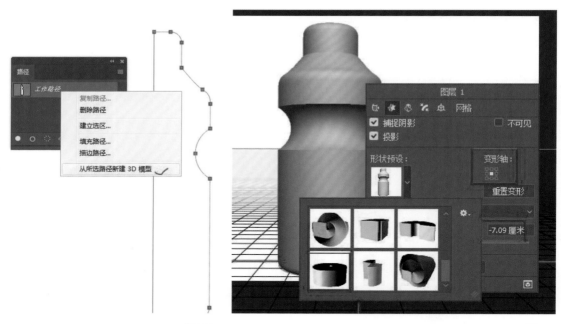

图6-36

图6-37

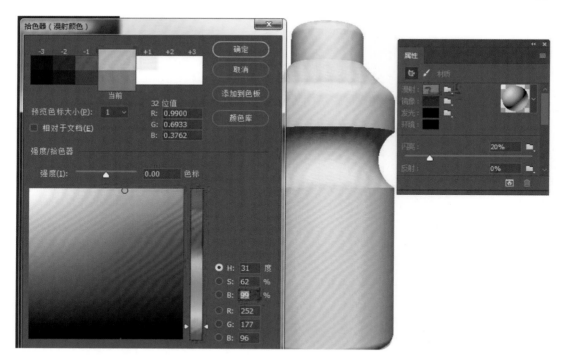

图6-38

⑨点击镜像选项旁边的颜色框调节出一种高光，从弹出的拾色器窗口中为小瓶设置一种亮灰色
（图6-39）。点击发光选项旁边的颜色框加亮暗部，从弹出的拾色器窗口中为小瓶设置一种深黄褐
色（图6-40）。将闪亮滑块拖动到41%，缩小高光面积（图6-41）。

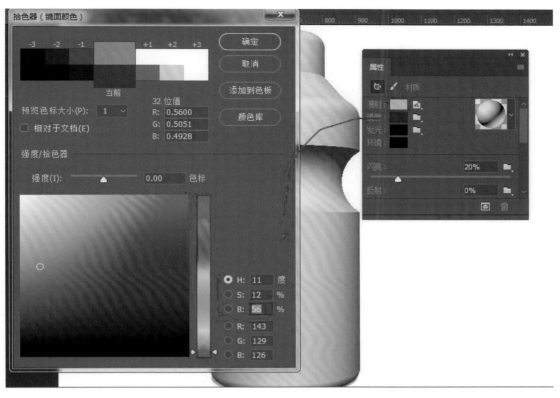

图6-39

图6-40

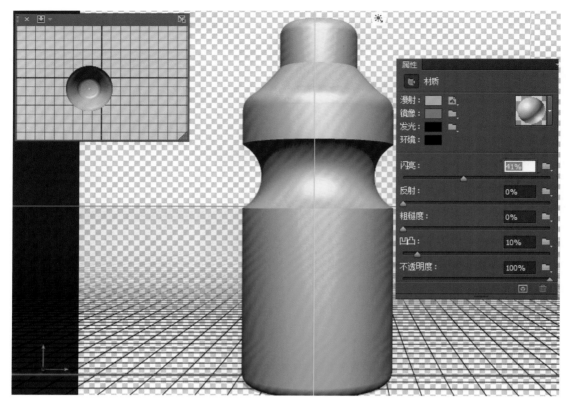

图6-41

⑩用【移动工具】点击瓶子，然后在3D面板中选择【背景凸出材质】，双击打开属性面板。点击漫射选项旁边的小文件夹图标，选择"载入纹理"，打开一张广告图片（图6-42）。对图片进行抠图去背景处理，使背景透明，此时场景中瓶身产生了拉伸的图案（图6-43）。

图6-42   图6-43

⑪点击漫射选项旁边的小文件夹图标，选择编辑UV属性，在U比例和V比例那一栏里拖动数值，使图案比例正常（图6-44）。

图6-44

⑫此时瓶子表面的纹理大小虽已合适，但方向不正确，需要再次调整。点击漫射选项旁边的小文件夹图标，选择编辑纹理属性，此时会自动打开纹理窗口（图6-45）。在纹理窗口，单击图像菜单旋转图像，选择逆时针旋转90度，然后保存。回到3D图层所在的窗口，此时瓶子状态见图6-46。

图6-45

图6-46

⑬再次点击漫射选项旁边的小文件夹图标，选择编辑UV属性，在U比例和V比例那一栏里拖动数值，纠正表面的平铺效果（图6-47）。

⑭接下来制作一个瓶盖。新建一个空白图层，并将其他图层隐藏。使用【圆角矩形工具】绘制一个圆角矩形路径，用白色箭头选择工具条件节点（图6-48、图6-49）。

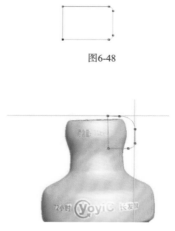

图6-48

图6-47

图6-49

⑮打开路径面板，按快捷键【A】使用黑色箭头的【路径选择工具】选择路径图形，选择路径层单击右键，从快捷菜单中选择【将路径转换为凸出】命令。此时该空白图层被转化为三维图层，路径沿轮廓发生了挤压立体效果。在视窗场景中用【移动工具】选择文字，单击右键，在出现的面板中的形状预设列表下选择圆柱形旋转形状图标（图6-50），变形轴心点图标点击靠左居中，并将深度值调到和瓶子匹配，其他的设置只要保持默认就可以了。

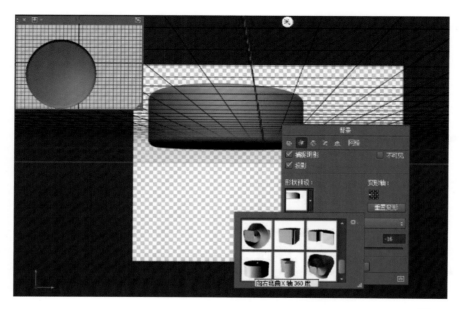

图6-50

⑯为瓶盖添加纹理。点击文本"瓶盖"，在3D面板中选择【背景凸出材质】，双击打开属性面板。点击凹凸滑块旁边的小文件夹图标，选择"新建纹理"，此时会打开"新建"对话框（图6-51、图6-52）。

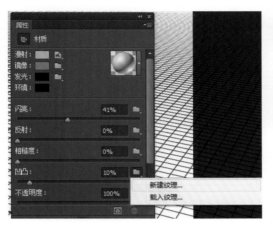

图6-51   图6-52

⑰在新建的空白纹理文件中使用【矩形绘图工具】画出一根长条形矩形，选中后按【Ctrl/Command+Alt+T】键用【移动工具】向下拖动一格，再按【Ctrl/Command+Alt+T+Shift】键进行复制，绘制纹理（图6-53），然后保存。回到3D图层所在的文件窗口，此时瓶盖产生了凹凸的纹理效果（图6-54）。

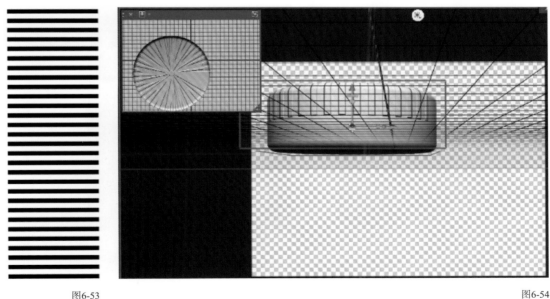

图6-53   图6-54

⑱从场景顶视图预览窗口可以看出，纹理位置还不正确，需要再次调整。点击凹凸滑块旁边的小文件夹图标，然后选择编辑UV属性，在U比例、V比例和U位移、V位移选项栏里拖动调整数值，此时瓶盖纹理得到了纠正（图6-55）。

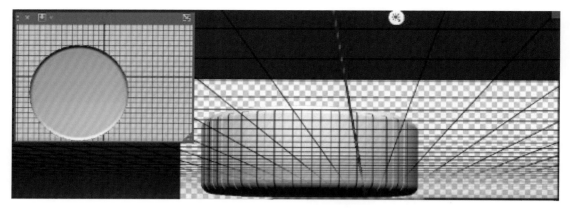

图6-55

⑲取消对瓶子的隐藏。将瓶子和瓶盖图层一起选中，从菜单栏3D菜单中选择【合并3D图层】（图6-56）。

⑳单击合并后的3D图层，选择瓶盖，使用【移动工具】在坐标轴向上进行移动和缩放，使其与瓶子吻合。再选择外面的栅格场景，在工具选项栏中使用【3D旋转】和【3D平移】工具将瓶子放置到合适的观察角度（图6-57、图6-58）。

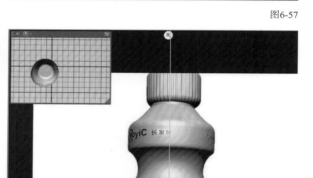

图6-57

图6-56

图6-58

㉑使用【移动工具】选择灯光图标，拖动灯光示意图标改变光影方向（图6-59、图6-60）。

㉒使用【移动工具】选择灯光图标，在灯光属性面板中将投影隐藏。选择3D图层，单击右键，栅格化转换为普通图层（图6-61）。

图6-59

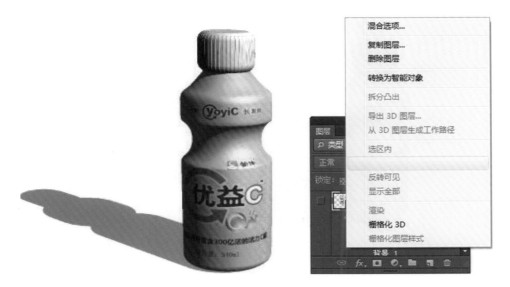

图6-60

图6-61

㉓按住【Ctrl/Command】键单击该图层，生成瓶子选区，然后单击图层面板下的"生成调整图层"图标，从中选择"照片滤镜"（图6-62、图6-63）。

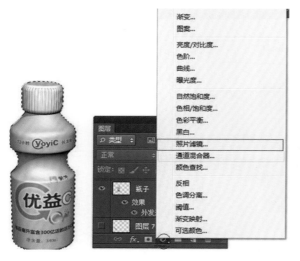
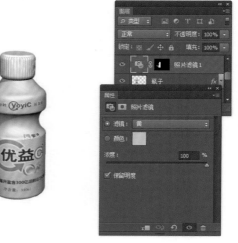

图6-62　　　　　　　　　　　　　　　　　　　　　图6-63

㉔选择瓶子图层和调整图层依次复制出两个瓶子和调整图层，依次双击"照片滤镜"调整图层，将三个瓶子设置成三种颜色（图6-64）。

图6-64

㉕选择调整图层，按住【Alt】键的同时单击图层蒙版，使蒙版放大显示，然后使用【矩形选择框】框选瓶盖部分并填充黑色，这样可以避免瓶盖被染色（图6-65），此时效果见图6-66。

㉖打开一张Logo素材图片（图6-67）。为其添加"描边"的图层样式，设置描边像素为3，并将填充不透明度降低为0（图6-68），图层不透明度设置为20%，此时效果见图6-69。

㉗将瓶子图层全部显示出来，选择背景图层，然后单击图层面板下的"生成调整图层"图标，从中选择渐变，设置一种渐变放射效果（图6-70）。

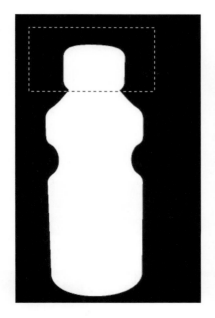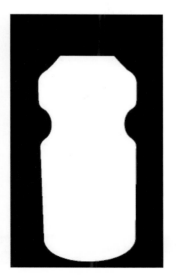

图6-65

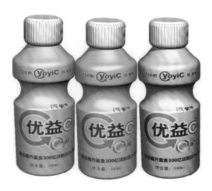

图6-66

图6-67

图6-68

图6-69

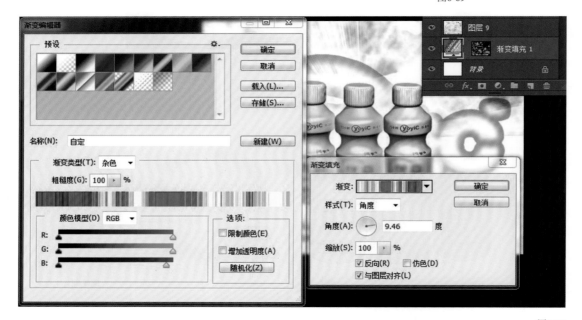

图6-70

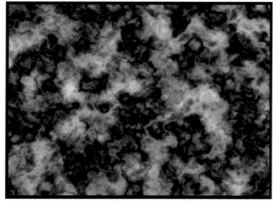

图6-71

㉘按住【Alt】键的同时单击渐变调整图层的图层蒙版，使蒙版放大显示，然后应用滤镜分层云彩，以削弱部分光线。按住快捷键【Ctrl/Command+Alt+E】盖印图层，并将该层置于背景"大C"图标的上方（图6-71）。

㉙打开一张Logo素材图片。为其添加"外发光"的图层样式，选择"外发光"样式单击右键拷贝图层样式，然后依次选择所有瓶子图层单击粘贴图层样式（图6-72）。

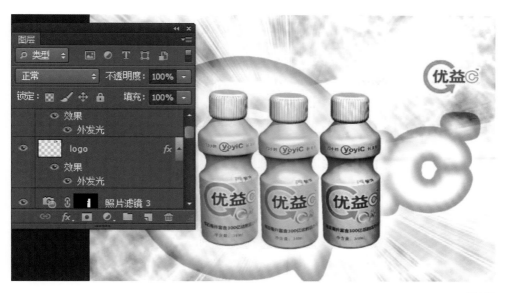

图6-72

㉚输入广告文字，完成最终效果（图6-73）。

图6-73

3. 图像合成——添加沙发材质设计

①在3ds Max软件中导出一张沙发模型，格式为.3ds（图6-74）。

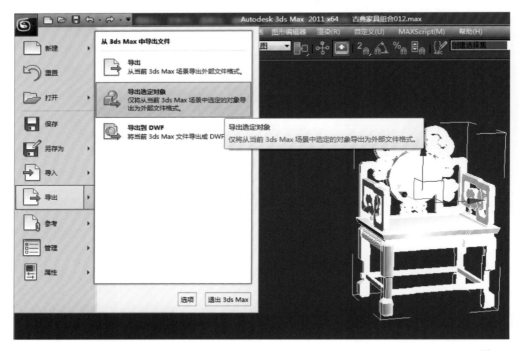

图6-74

②用Photoshop CC打开本实例素材文件（图6-75）。

图6-75

③如图执行菜单【窗口】|【3D】命令，打开3D调板，选择从3D文件创建图层命令（图6-76）。选择本实例配套素材sofa.3ds文件，单击打开，在图层面板中自动生成一个3D图层（图6-77），效果见图6-78。

图6-76

图6-77

图6-78

④单击模型，在出现的坐标轴中点击三轴中间的小方块激活后显示为黄色，拖动黄色小方块可以均匀缩放模型（图6-79）。将模型缩小一定的比例，效果见图6-80。

⑤选择3D对象，拖动坐标轴箭头可精确调整3D对象的位置，将模型放置到合适的观察角度（图6-81）。

图6-79

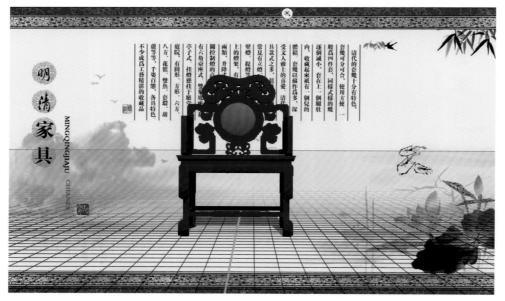

图6-80

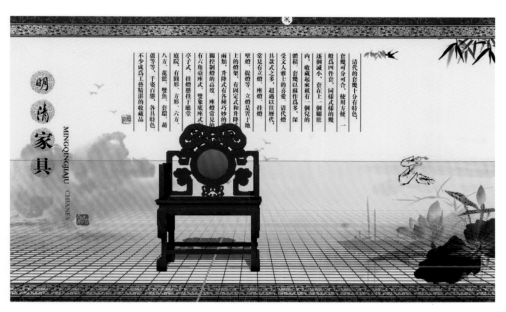

明清家具

MINGQINGJIAJU CHANES

不少成畐工艺精湛的收藏品。

庭院、有圆形、方圆、六方、蘭、八方、花篮、双鱼、套蘭、蘭等等，千姿百态，各具特色。

亭子式、挂烛式座挂于壁堂，上的灯类。升降式有各种巧妙的闺控制烛的高度。座灯常见有两类。有六角案桌式、立灯是置于地壁灯、提灯、座灯、挂烛等常见有立灯和升降灯灯座受文人雅士的喜爱。清代灯濮樝、套蘭以线作畐多、深内、收藏起来祇有一个蘭壮遂例减小，一套在上一个畐般蘭四件套，同样式样的几套蘭可分可合，使用方便，清代的套蘭十分有特色。

图6-81

⑥选择3D对象，拖动坐标轴上弧形小标志可对模型进行旋转，可单击右键在其坐标属性选项中精确设置移动和旋转数值（图6-82），也可拖动"旋转相机"图标进行视角旋转（图6-83），效果见图6-84。

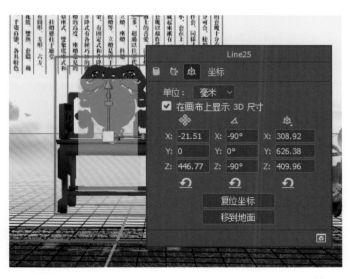

图6-82

图6-83

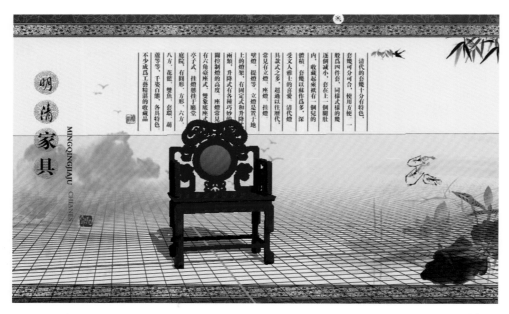

图6-84

⑦在3D调板中选择Line25下的材质层，双击打开属性面板（图6-85）。接着，点击漫射选项旁边的小文件夹图标，将其漫反射材质设置为移去纹理（图6-86）。在调板中重新载入本实例配套素材"木纹.jpg"文件作为沙发纹理（图6-87），单击镜像的颜色框提亮颜色（图6-88），并按图6-89所示调整模型的亮部。

⑧依照以上方法，选择Cylinder26的材质（图6-90），点击漫射选项旁边的小文件夹图标，将其漫反射材质设置为移去纹理（图6-91）。在调板中重新载入本实例配套素材"国画.jpg"文件作为纹理（图6-92），单击镜像的颜色框提亮颜色（图6-93），并按图6-94所示调整模型的亮部，效果见图6-95。

图6-85

图6-86

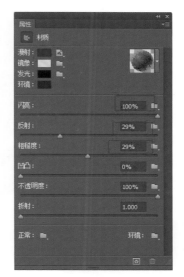

图6-87

图6-88

图6-89

图6-90

图6-91

图6-92

图6-93

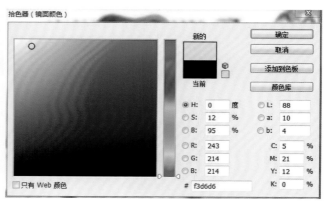

图6-94

图6-95

⑨此时模型还比较暗，需要对灯光进行设置。选择灯光，在场景中拖动光源示意球形图标，对沙发图像进行光影照射方向的调整，再次选择灯光，单击右键，在属性面板中设置光源强度为80%，色调为暖淡黄色，阴影柔和度为12%，具体设置见图6-96。

图6-96

⑩在面板中选择【环境】，在环境属性面板中设置阴影的不透明度为41%，具体设置见图6-97。

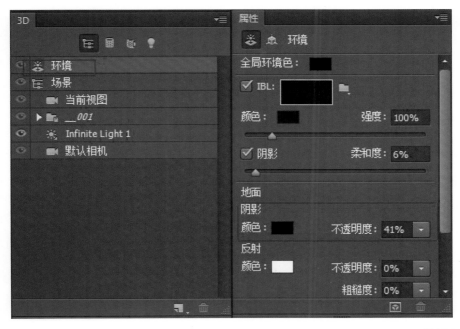

图6-97

⑪在3D面板中双击场景（图6-98），在场景属性面板中单击面板下方的渲染图标，对沙发图像进行渲染，渲染预计要花费数分钟才能完成（图6-99），效果见图6-100。

⑫选择3D图层，按住【Ctrl/Command+J】复制一图层，单击右键栅格化。按住【Ctrl/Command】键单击图层载入选区，在图层面板下方单击调整图层按钮，从中选择【可选颜色】调整图层，在属性面板中设置参数，完成实例的制作（图6-101、图6-102）。最终效果见图6-103。

图6-98

图6-99

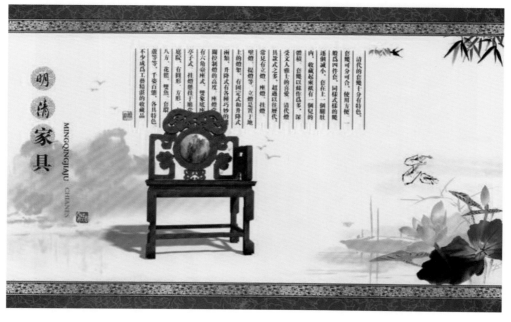

图6-100

图6-101

图6-102

图6-103

4.清爽宜人——饮料包装设计

扫二维码，观看视频

第七课 创意空间

课时： 8课时

要点： 通过折页设计、画册设计、展板设计、海报设计4个综合案例的讲解，介绍文字工具、笔刷、滤镜、剪贴蒙版、图层蒙版、图层混合模式、图层样式等工具在实际案例中的应用。

1.再现韵味都市——房地产宣传折页设计

1）房地产折页封面

①执行【文件】|【新建】命令，设置宽度为8cm，高度为8cm，分辨率为300dpi，命名为"房地产折页"。

②单击工具箱中的【渐变工具】，设置渐变，其渐变值分别为"R：25，G：0，B：0""R：75，G：30，B：0""R：170，G：105，B：40"。单击属性栏中的【线性渐变】按钮，由上至下拖动鼠标。具体设置和效果见图7-1、图7-2。

图7-1

图7-2

③单击【视图】|【标尺】命令，拖动参考线至4cm的位置，置入素材"天空"，调整合适大小及位置。

④执行【图像】|【调整】|【去色】命令，效果见图7-3。

⑤将"图层2"的混合模式设置为"叠加"（图7-4），单击图层面板底部的"添加图层蒙版"图标，为其添加图层蒙版，只保留天空区域，效果见图7-5。

⑥置入素材"楼房1"（图7-6）。调整其合适大小及位置，并为其创建图层蒙版，保留其楼体区域（图7-7），合并效果见图7-8。

图7-3

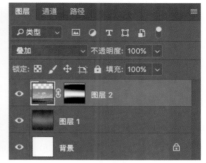

图7-4

图7-5

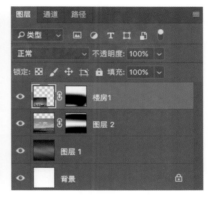

图7-6

图7-7

图7-8

⑦置入素材"透明瓶子"（图7-9），调整合适大小及位置，并为其创建图层蒙版，保留瓶体边缘，隐藏瓶体中部区域，效果见图7-10。

图7-9　　　　　　　　　　　　　　　　　图7-10

⑧置入素材"楼房2"（图7-11），调整合适大小及位置，并为其创建图层蒙版，隐藏瓶体以外的楼房区域，效果见图7-12。

图7-11　　　　　　　　　　　　　　　　　图7-12

图7-13

⑨打开"房地产文案"文字素材，将"翠馨苑 CUI XIN YUAN"文字拷贝到文档中，设置合适的大小及位置，文字颜色数值为"R：195，G：155，B：115"，效果见图7-13。

⑩单击工具栏中的【矩形选框工具】，将属性栏中的样式设为"固定大小"，鼠标右键分别单击宽度和高度属性栏，将单位设置为厘米，输入宽度值为4cm，高度值为8cm。单击文档右侧，出现蚂蚁线矩形框，新建"图层3"，填充颜色与文字颜色相同。更改属性栏中的宽度值为3.4cm，高度值为7.4cm。单击文档右侧，新建"图层4"，设置填充颜色为"R：40，G：20，B：0"（图7-14）。效果见图7-15。

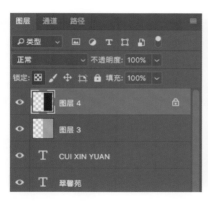

图7-14　　　　　　　　　　　　　　　　　图7-15

⑪按住【Ctrl/Command】键选择"翠馨苑"和"CUI XIN YUAN"文字图层，按住鼠标左键不放，直接拖动至图层面板下方的【创建新图层】按钮，复制文字图层。将复制的文字图层顺序调整至最上方，并调整更改文字的大小及位置。具体设置和效果见图7-16、图7-17。

图7-16　　　　　　　　　　　　　　　　　图7-17

⑫打开"房地产文案"文字素材，将相关说明文字拷贝到文档中，设置合适的大小及位置，设置段落为"右对齐文本"（图7-18），效果见图7-19。

图7-18　　　　　　　　　　　　　　　　　图7-19

⑬执行【文件】|【存储】命令，分别将其保存为.psd和.jpg两种文件格式，完成设计制作。

2）房地产折页内页

①执行【文件】|【新建】命令，设置大小为8cm×8cm，分辨率为300dpi，命名为"房地产折页内页"。

②将前景色设置为"R：40，G：20，B：0"，新建"图层1"（图7-20），填充前景色（图7-21）。

图7-20　　　　　　　　　　　　　　　　　图7-21

③置入素材"楼房1"（图7-22），调整合适的位置及大小，单击图层面板底部的"添加图层蒙版"图标，为其添加图层蒙版，使其与背景融为一体，效果见图7-23。

图7-22　　　　　　　　　　　　　　　　　图7-23

④打开"房地产文案"文本文件，将相关说明文字拷贝到文档中，设置合适的大小及位置，填充颜色为"R：195，G：155，B：115"，设置段落为"左对齐文本"。具体设置和效果见图7-24、图7-25。

⑤单击【视图】|【标尺】命令，拖动参考线至4cm的位置，效果见图7-26。

⑥单击工具箱中的【矩形选框工具】，将属性栏中的样式设为"固定大小"，输入宽度值为4cm，高度值为8cm。单击文档右侧，出现蚂蚁线矩形框，新建"图层2"，填充颜色与文字颜色相同（图7-27），效果见图7-28。

⑦置入素材"三视图"，调整大小及位置（图7-29）。

⑧置入素材"方格"，调整大小及位置（图7-30）。

图7-24 图7-25

图7-26

图7-27 图7-28

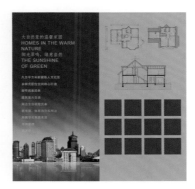

图7-29 图7-30

⑨置入素材"楼房1",调整大小及位置,并将该图层顺序调整至"方格"图层上方(图7-31)。单击图层面板右上方按钮,选择其子选项【建立剪贴蒙版】命令建立剪贴蒙版,得到效果(图7-32)。

图7-31   图7-32

⑩置入素材"logo",将其移至左上角位置(图7-33)。 输入"翠馨苑" "CUI XIN YUAN"和"｛｝",将其移至右下角位置(图7-34)。最终效果见图7-35。

⑪执行【文件】|【存储】命令,分别将其保存为.psd和.jpg两种文件格式,完成设计制作。

图7-33   图7-34

图7-35

2.淡雅脱俗——画册设计

1）画册封面平面图

①执行【文件】|【新建】命令，设置大小为20cm×10cm，分辨率为300dpi，命名为"封面与封底"。

②导入素材"底纹"（图7-36），调整合适大小及位置，单击图层面板底部的"添加图层蒙版"图标，为其添加图层蒙版，设置不透明度为30%（图7-37）。

图7-36　　　　　　　　　　　　　　　　　　　　　　　　　　图7-37

③单击【视图】|【标尺】命令，拖动标尺至10cm的位置，导入素材"心形项链"，调整合适大小及位置（图7-38）。

图7-38

④双击"心形项链"图层，弹出"图层样式"对话框，为"心形项链"图层添加图层样式"投影"（图7-39）。

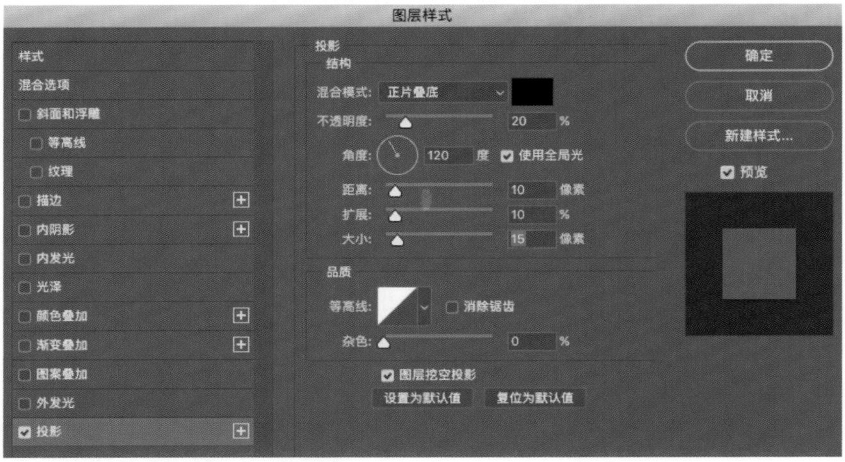

图7-39

⑤将前景色改为黑色，输入文字"祥瑞珠宝"，选择合适的字体并调整大小和位置。输入文字"传承经典　演绎时尚"（图7-40）。 单击该图层，弹出"图层样式"对话框，为该文字图层添加图层样式"渐变叠加"（图7-41）。

祥瑞珠宝
传承经典 演绎时尚

图7-40

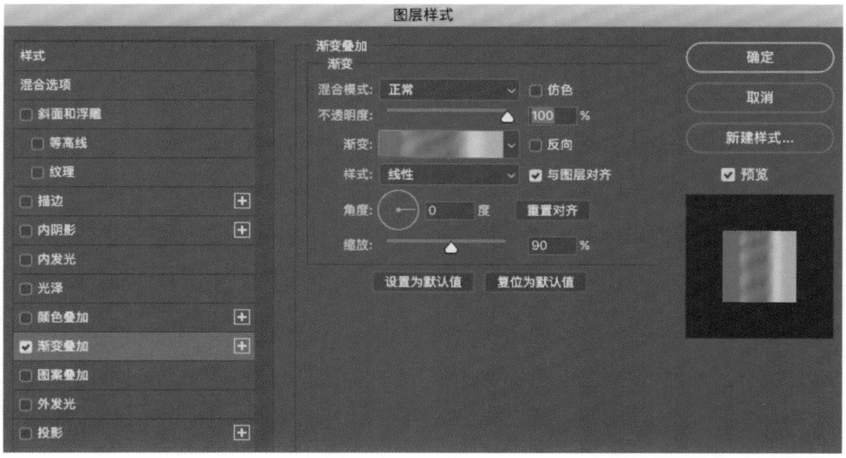

图7-41

⑥按住【Ctrl/Command】键同时选中两个文字图层，将其拖动至图层面板底部的"新建图层"图标上，复制该两个文字图层（图7-42）。

图7-42

⑦同时选中复制好的两个文字图层，调整合适的大小及位置。

⑧选择"传承经典　演绎时尚"文字图层副本，删除其图层样式，并将其改为黑色，效果见图7-43。

图7-43

⑨单击工具箱中的【文字工具】，输入文字"Shining"（图7-44）。双击该图层，弹出"图层样式"对话框，为该文字图层添加图层样式"渐变叠加"。具体设置和效果见图7-45、图7-46。

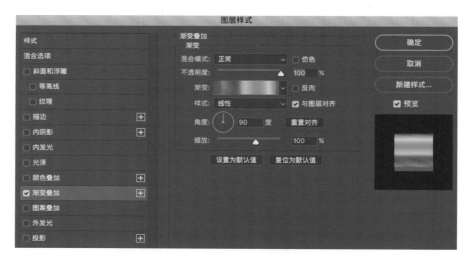

图7-44

图7-45

祥瑞珠宝
传承经典 演绎时尚

祥瑞珠宝
传承经典 演绎时尚

图7-46

图7-47

⑩按住【Ctrl/Command】键或【Shift】键，选中所有文字图层，将其拖动至创建新组图标上，将组的名称改为"文字"（图7-47）。

⑪导入素材"钻戒"，调整合适的大小及位置，制作效果见图7-48。

⑫执行【文件】|【存储】命令，分别将其保存为.psd和.jpg两种文件格式，完成设计制作。

图7-48

2）画册内页平面图

①执行【文件】|【新建】命令，设置大小为20cm×10cm，分辨率为300dpi，命名为"画册内页"。

②单击【前景色工具】，为背景图层填充颜色，其色值为"R：65，G：55，B：50"。

③导入素材"底纹"（图7-49），调整合适大小及位置，单击图层面板底部的"添加图层蒙版"图标，为其添加图层蒙版（图7-50）。

④打开"封面与封底"文件，将"祥瑞珠宝"和"传承经典　演绎时尚"文字图层移至当前操作文件（图7-51），调整其位置和大小。同时将"祥瑞珠宝"设置为土黄色，选中"传承经典演绎时尚"文字图层，为该文字图层添加图层样式"渐变叠加"。具体设置和效果见图7-52、图7-53。

⑤导入素材"珍珠项链"，调整合适大小及位置，双击该图层，弹出"图层样式"对话框，为该图层添加图层样式"外发光"。具体设置和效果见图7-54、图7-55。

图7-49

图7-50

图7-51

图7-52

图7-53

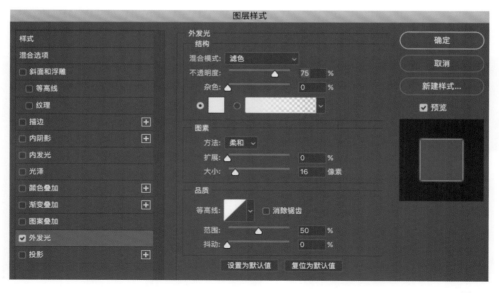

图7-54

⑥导入素材"戒指"，调整其至合适的位置和大小（图7-56）。双击该图层，弹出"图层样式"对话框，为该图层添加图层样式"投影"，将投影颜色设置为"R：150，G：120，B：120"。具体设置和效果见图7-57、图7-58。

⑦输入段落文字，调整大小和位置（图7-59）。

⑧导入素材"曲线纹样"，调整位置及大小（图7-60）。

图7-55

图7-56

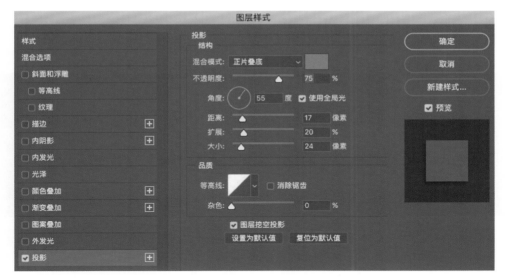

图7-57

图7-58

图7-59

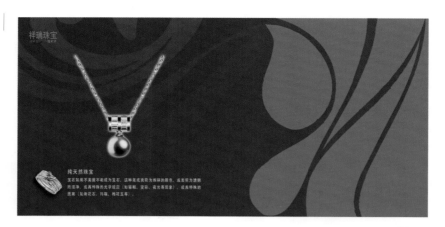

图7-60
图7-60

⑨导入素材"人物",调整位置及大小(图7-61)。双击"人物"图层,将图层名称改为"人物"。调整图层面板中的图层顺序,将"人物"图层移至"曲线纹样"图层的上方(图7-62)。

⑩选中人物图层,按住【Alt】键鼠标左键单击"人物"图层和 "曲线纹样"图层间隔断,建立剪切蒙版。具体设置和效果见图7-63、图7-64。

⑪执行【文件】|【存储】命令,分别将其保存为.psd和.jpg两种文件格式,完成设计制作。

图7-61

图7-62

图7-63

图7-64

3.无界视野——手机宣传展板设计

1）制作手机海报背景

①执行【文件】|【新建】命令，设置大小为21cm×28.5cm，分辨率为150dpi，颜色模式为RGB，命名为"手机宣传展板设计"（图7-65）。

②执行【文件】|【置入嵌入对象】命令（图7-66），置入素材"城市"。按住【Ctrl/Command+Alt】键，将图片由中心向四周放大至合适位置。单击【回车键】，取消选框。

③添加【黑色调整图层】 ⬤，单击蒙版缩略图，选择【画笔工具】，点击鼠标右键，调节画笔参数（图7-67）。

④按住鼠标左键，在画面中部单击，实现遮罩效果（图7-68）。

图7-65

图7-66

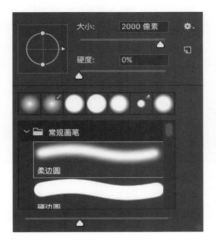

图7-67

图7-68

⑤制作效果见图7-69。

图7-69

2）制作手机裂纹

①执行【文件】|【置入嵌入对象】命令，置入素材"手机"，单击【回车键】，取消选框。选择"手机"图层，鼠标右键，单击【栅格化图层】命令，将智能图层转换为普通图层。

②使用工具箱中的【魔棒工具】 ，单击手机图片的黑色背景部分及中心黑色区域，点击键盘上【Delete】键，删除黑色背景部分及中心黑色区域。按下【Ctrl/Command+D】键，取消选择。

③按下【Ctrl/Command+T】键后，按住【Ctrl】键，单击选框角点位置，调节手机图片透视角度（图7-70）。

图7-70

④双击"玻璃裂纹画笔.abr"文件，画笔会直接载入Photoshop程序中。单击工具箱中的【画笔工具】，将画笔大小设为1542像素（图7-71、图7-72）。

⑤新建"玻璃裂纹"图层（图7-73），将前景色改为白色，点击手机处，制作效果见图7-74。

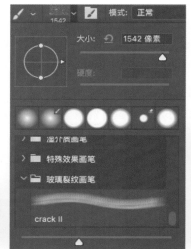

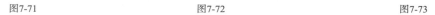

图7-71　　　　　　　　　　　　　　　　图7-72　　　　　　　　　　　　　　　　图7-73

图7-74

⑥为"玻璃裂纹"图层建立图层蒙版，单击图层面板下方的【添加图层蒙版】工具，同时将工具箱中的前景色改为黑色（图7-75）。

⑦单击【画笔工具】，设置画笔工具的参数（图7-76）。绘制手机外部的裂纹区域，产生遮罩效果（图7-77、图7-78）。

图7-75

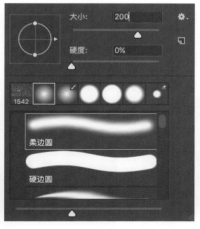
图7-76

图7-77

图7-78

3）添加飞机

①执行【文件】|【置入嵌入对象】命令，置入素材"飞机"。单击【回车键】，取消选框。选择"飞机"图层，点击鼠标右键，单击【栅格化图层】命令。将智能图层转换为普通图层。

②单击工具箱中的【钢笔工具】（图7-79），通过配合【Alt】键和【空格键】，勾出飞机轮廓。按下【Ctrl/Command+Enter】键，将飞机载入选区，单击【选择】|【反选】命令，按下【Delete】键，删除飞机背景。按下【Ctrl/Command+D】键，取消选择。

③选择"飞机"图层，单击图层面板下方的【创建调整图层】按钮，单击曲线命令，按住【Alt】键单击"飞机"图层与"曲线调整"图层之间的隔断，使"曲线调整"图层只针对"飞机"图层起作用。调节"曲线调整"图层，将飞机颜色压暗（图7-80、图7-81）。

图7-79

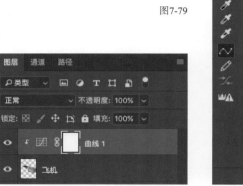

图7-80

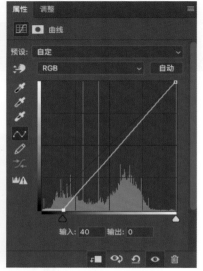

图7-81

④调整"飞机"图层的位置及大小，为"飞机"图层添加图层蒙版，遮挡手机部分。具体设置和效果见图7-82、图7-83。

图7-82

⑤执行【文件】|【置入嵌入对象】命令，置入素材"玻璃碎片"。调整位置及大小，单击图层面板下方的【添加图层蒙版】工具，同时将工具箱中的前景色改为黑色。单击【画笔工具】，用笔刷涂抹机身位置，隐藏机身位置的玻璃碎片（图7-84）。

图7-83

图7-84

4）制作爆炸场景

①置入"爆炸火焰"和"射击火焰"素材，分别设置混合模式为强光，不透明度为50%。具体设置和效果见图7-85、图7-86。

②分别置入其他火焰素材并复制，选择合适的混合模式。在最上面一层添加"照片滤镜调整"图层，更改颜色为滤色，浓度调至70%。

图7-85

图7-86

5）添加logo与文案

①置入"标题字"素材，调整大小及位置，并将"logo"素材添加至合适位置。选中"logo"图层，单击锁定透明像素图标，将前景色改为白色，按下【Alt+Delete】键，将苹果logo填充为白色（图7-87）。

②新建图层，命名为"底部黑色"（图7-88），单击工具箱中的【矩形工具】，在画面底部绘制黑色矩形。

③将"手机文本"中的文字复制粘贴至画面中，并调整大小及位置。

④置入"手机模型"素材，按下快捷键【Ctrl/Command+J】键，复制该图层。按下快捷键【Ctrl/Command+T】键，点击鼠标右键，选择垂直翻转。

图7-87

图7-88

⑤为复制出的"手机模型"图层制作手机倒影。选中该图层,添加图层蒙版。最终效果见图7-89。

⑥执行【文件】|【存储】命令,分别将其保存为.psd和.jpg两种文件格式,完成设计制作。

图7-89

4.双重曝光效果——梦幻人物海报设计

扫二维码,观看视频

参考文献

［1］布雷特·马乐瑞. Adobe Photoshop大师班：高级合成的秘密［M］. 徐娜，译. 北京：人民邮电出版社，2015.

［2］格林·杜伊斯. Photoshop修饰与合成专业技法［M］. 徐娜，黄临川，译. 北京：人民邮电出版社，2015.

［3］安德鲁·福克纳，布里·根希尔德. Adobe Photoshop CC经典教程（修订版）［M］. 郭光伟，译. 北京：人民邮电出版社，2017.

［4］李涛. 数码摄影后期高手之路［M］. 北京：人民邮电出版社，2016.

［5］唯美世界，瞿颖健. 中文版Photoshop 2020从入门到精通（微课视频 全彩版）［M］. 北京：中国水利水电出版社，2020.

［6］李金明，李金蓉. 中文版Photoshop 2020完全自学教程［M］. 北京：人民邮电出版社，2020.

［7］陈惟，游雪敏. 你早该这么学CG绘画［M］. 北京：电子工业出版社，2018.

［8］毕泰玮. 插画之梦：CG绘画造型的秘密［M］. 北京：人民邮电出版社，2018.

［9］张浩. CG绘画艺术设计：驾驭灵感的奇幻之旅［M］. 北京：电子工业出版社，2016.